U0801217

上海市工程建设规范

公共建筑绿色及节能工程智能化技术标准

Intelligent technical standard for green and energy efficiency of public buildings

DG/TJ 08—2040—2021

J 11199—2021

主编单位:华东建筑集团股份有限公司

　　　　　上海市建筑科学研究院(集团)有限公司

批准部门:上海市住房和城乡建设管理委员会

施行日期:2021 年 8 月 1 日

同济大学出版社

2021　上海

图书在版编目(CIP)数据

公共建筑绿色及节能工程智能化技术标准/华东建筑集团股份有限公司，上海市建筑科学研究院(集团)有限公司主编. —上海：同济大学出版社，2021.6

ISBN 978-7-5608-8912-2

Ⅰ. ①公… Ⅱ. ①华… ②上… Ⅲ. ①公共建筑—节能设计—智能系统—设计标准—上海 Ⅳ. ①TU242-65

中国版本图书馆 CIP 数据核字(2021)第 096576 号

公共建筑绿色及节能工程智能化技术标准

华东建筑集团股份有限公司
上海市建筑科学研究院(集团)有限公司 **主编**

策划编辑 张平官
责任编辑 朱 勇
责任校对 徐春莲
封面设计 陈益平

出版发行 同济大学出版社 www.tongjipress.com.cn
(地址：上海市四平路 1239 号 邮编：200092 电话：021－65985622)
经　　销 全国各地新华书店
印　　刷 浦江求真印务有限公司
开　　本 889mm×1194mm 1/32
印　　张 2.75
字　　数 74 000
版　　次 2021 年 6 月第 1 版 2021 年 6 月第 1 次印刷
书　　号 ISBN 978-7-5608-8912-2
定　　价 30.00 元

上海市住房和城乡建设管理委员会文件

沪建标定〔2021〕82 号

上海市住房和城乡建设管理委员会
关于批准《公共建筑绿色及节能工程智能化技术标准》为上海市工程建设规范的通知

各有关单位：

由华东建筑集团股份有限公司、上海市建筑科学研究院（集团）有限公司主编的《公共建筑绿色及节能工程智能化技术标准》，经我委审核，现批准为上海市工程建设规范，统一编号为 DG/TJ 08—2040—2021，自 2021 年 8 月 1 日起实施。原《公共建筑节能工程智能化技术规程》DG/TJ 08—2040—2008 同时废止。

本规范由上海市住房和城乡建设管理委员会负责管理，华东建筑集团股份有限公司负责解释。

特此通知。

上海市住房和城乡建设管理委员会

二〇二一年二月十日

前言

根据上海市住房和城乡建设管理委员会《关于印发〈2018年上海市工程建设规范、建设标准设计编制计划〉的通知》(沪建标定〔2017〕898号)的要求，为进一步提升本市公共建筑的绿色及节能水平，确保相关智能化系统工程建设的质量，由华东建筑集团股份有限公司和上海市建筑科学研究院(集团)有限公司会同相关单位，根据多年来关于绿色、节能、健康建筑的科研和工程实践经验，在上海市智能建筑建设协会和行业内专家的支持和帮助下修编了本标准。

本标准共分6章，主要内容为：总则；术语；基本规定；工程设计；安装及验收；运行维护。

本标准修订的主要技术内容是：①补充建筑综合能效管理系统技术要求；②补充室内环境监控技术要求；③补充一体化智能机电技术要求；④补充运行维护；⑤对原规程部分条文进行了补充、完善和调整。

各单位及相关人员在执行本标准过程中，如有意见和建议，请反馈至上海市住房和城乡建设管理委员会(地址：上海市大沽路100号；邮编：200003)，华东建筑集团股份有限公司(地址：上海市石门二路258号；邮编：200041；E-mail：chenzl@siadr.com.cn)，或上海市建筑建材业市场管理总站(地址：上海市小木桥路683号；邮编：200032)，以供今后修订时参考。

主编单位：华东建筑集团股份有限公司
上海市建筑科学研究院(集团)有限公司

参编单位：上海市智能建筑建设协会
上海市建工设计研究总院有限公司

上海银欣高新技术发展股份有限公司
珠海派诺科技股份有限公司
上海源控自动化技术有限公司
扬州新菱电器有限公司

主要起草人: 陈众励　陈杰甫　何晓燕　赵济安　邵民杰
叶海东　邹　琪　黄文琦　张立锴　姜正磊
周　怡　梁　晨　陈艺通　朱诗彧　郭　安
李　军　胡　戎　万　洪　邓　清　楚加贵
钱　杰

主要审查人: 夏　林　高小平　王　亮　杨　杰　罗　武
朱跃忠　肖志峰

上海市建筑建材业市场管理总站

目　次

Contents

1　总　则

1.0.1　为规范本市公共建筑绿色及节能工程智能化系统的设计、安装、验收和运行维护，提高公共建筑节能水平，制定本标准。

1.0.2　本标准适用于新建、改扩建公共建筑绿色及节能工程。

1.0.3　公共建筑绿色及节能工程智能化建设，应全面贯彻国家关于建筑节能、绿色、健康建筑的政策，积极推行公共建筑绿色及节能工程智能化的全过程管理，确保工程建设质量，提高管理效率。

1.0.4　公共建筑绿色及节能工程智能化建设除应符合本标准的规定外，尚应符合国家、行业和本市现行相关标准的规定。

2 术　语

2.0.1　用能系统　energy consumption system

是指公共建筑中的包括空调、给排水、照明和动力机械等各类建筑用能机电设备系统和设备的总称。

2.0.2　建筑综合能效管理系统　intergraded energy efficiency management system

应用智能化系统集成技术，对建筑内用能系统及设备的运行信息予以采集、显示、分析、处理与整合，为建筑的运营管理者提供基于能耗数据的用能系统能效管理和设备优化运行策略的系统。建筑综合能效管理系统既可以独立建设，也可以作为智能化系统集成平台的一个子系统存在。

2.0.3　信息采集装置　information collector

应用通信、计算机网络、自动检测等技术，对建筑用能系统与设备的运行状态等通过传感器件、数据预处理与传输，用以实现各用能设备状态的感知、预处理或缓冲、输出及局部的监控，从而获得用能系统的状态信息。

2.0.4　一体化智能机电　smart intergraded power supply and control technology

一种将电能监控管理系统、计量系统、机电设备自动监控系统的设备与功能集成入配电箱(柜)中，应用控制、网络通信、人工智能及大数据等技术，以实现对建筑物的空调、动力、照明等电气设备进行一体化供电与监控的技术。

3 基本规定

3.0.1 公共建筑绿色及节能工程智能化设计应在各用能系统实现基本功能的基础上，对各类机电设备进行配接，实现公共建筑节能监控及优化管理的功能。

3.0.2 公共建筑绿色及节能工程智能化系统应具有建筑综合能效管理、空调监控、电气设备用能监控等基本功能。当项目需要时，应具有可再生能源系统监控、给排水系统监控、遮阳及门窗启闭监控、室内环境监控等功能。当技术经济合理时，宜采用一体化智能机电技术实现上述功能。

3.0.3 公共建筑绿色及节能工程智能化设备及功能配置，应根据建筑规模、使用功能、用能特征及运行管理方式等状况与因素，采取适用的智能化技术措施。

3.0.4 建筑综合能效管理系统采集的信息应符合节能监控及相关设备使用的技术要求。

4 工程设计

4.1 建筑综合能效管理系统

4.1.1 建筑综合能效管理系统应包括感知层、通信层和系统应用层。可按图 4.1.1 将用能设备各监控子系统集成在一起，实现基于联网技术的管理和操作。建筑综合能效管理系统应符合下列规定：

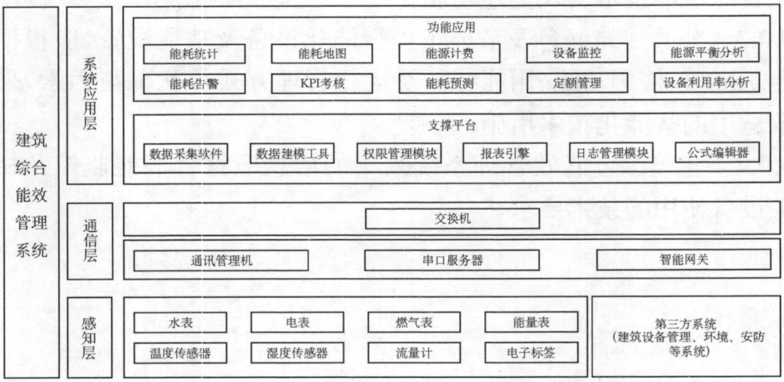

图 4.1.1 建筑综合能效管理系统构架示意图

1 建筑综合能效管理系统的感知层应使用智能仪表、电子标签、传感器、干接点等信息采集装置，采集所监测设备和环境的信息。

2 建筑综合能效管理系统的通信层应把感知层传递上来的数据接入基础架构统一的传输网络中，完成感知层与应用层之间的信息交换与通信。

3 建筑综合能效管理系统的应用层应对感知层采集的数据进行分析、存储和处理，实行设备系统协同管理。

4 建筑综合能效管理系统应能识别和告警数据质量异常，应包括识别单点数据质量异常、综合数据质量异常等情况。

4.1.2 建筑综合能效管理系统应具有下列监测功能：

1 建筑综合能效管理系统应分别对空调、给排水、变配电、照明、充电桩、储能及其他各类用能设备系统采集用能数据及设备运行信息。

2 建筑综合能效管理系统所采集的信息应包括温度、压力、电压、电流、功率、室内和室外气温、湿度等连续参数；电量、流量、运行时间等累计参数；工作状态及报警、事件记录；保存在就地采集装置内的历史数据等其他需要的信息参数。

3 建筑综合能效管理系统应及时准确地获取数据，并应提供直接读数、动态曲线或综合表现曲线等显示方式。积累的数据应能反映用能设备使用周期内的运行效率。

4.1.3 建筑综合能效管理系统应具有下列通信管理功能：

1 应以现场采集器、转换与接收设备、通信网络等设施为物理基础。

2 应能连续监测采集器和计量仪表的通信状态。

3 通信层应具有数据通信、数据存储、断点续传和综合处理的能力。

4 信息集成的互联协议和通信接口应符合相关的技术标准。

4.1.4 建筑综合能效管理系统应具有下列能耗统计展示功能：

1 应能根据项目要求自行定义报表模板样式，并支持多种类型的报表，可将报表导出为 Excel、PDF 等文件格式。应能定时生成报表，并支持将报表定时发送至指定邮箱。

2 应能根据建筑用能特点建立能耗分析模型，从区域、分类分项、设备等多个角度对数据进行逐时、逐日、逐月、逐年统计，支持通过曲线、直方图、饼图、排名、表格等多种形式进行展示。

3 应具有对不同时段的能耗进行汇总和对比分析的功能，包括峰平谷、上班/非上班、周末/周中等，对不同时段用能进行趋势、占比和排名分析。

4 应能以地图的形式直观展示建筑物各楼栋、楼层、房间、设备等的相关数据，包括能耗量、设备运行参数、环境参数等。

5 应监测显示集中冷热源系统的运行参数，计算并显示系统的使用能效 COP 值。

6 应根据设定的计费方式对各用能单元的费用进行统计，支持多种能源单一价、复费率等计费方式，支持用能费用账单的导出。

4.1.5 建筑综合能效管理系统应具有下列辅助决策功能：

1 应对各类能源(包括电、水、气等)进行趋势、排名和同环比分析，支持年、月、周、日等多种时间跨度，支持曲线、折线、直方图、堆积图、饼图等多种样式。

2 应根据建筑项目需求进行指标定义，包括单位面积能耗、人均能耗等多种指标；支持将实际指标与现行行业标准、企业管理标准、历史数据等各类参考值进行对标。

3 可支持对能源在存储、传输和使用过程中的损耗进行分析和计算，以能耗流向图的形式显示用能走向，定位主要耗能路径。

4 应能采集设备参数与设备运行时间等变量，对设备开机时间、待机时间、停机时间以及利用率等数据进行分析，评估设备利用率。

5 应支持根据建筑能源计划、节假日、季节、天气等因素对能耗进行预测，支持实际能耗与预测能耗的对比分析，支持通过机器学习算法不断提升预测精度。

6 应支持根据建筑总体用能计划，录入能耗定额数据，将实际能耗数据与年度、月度、日能耗目标数据进行对比，分析能耗目标完成情况。

4.1.6 建筑综合能效管理系统应支持数据共享的通信协议，并应满足下列要求：

1 应支持 OPC、Modbus、TCP、IEC104、Web Service、Http 等互联网开放协议，将原始采集数据共享至第三方系统。

2 应支持通过 Web API、Socket、Https 等方式将能耗数据上传至市能耗监管中心。上传数据应符合现行上海市工程建设规范《公共建筑用能监测系统工程技术标准》DGJ 08—2068 的要求。

4.1.7 建筑综合能效管理系统应具有下列扩展功能：

1 应提供公式自定义功能，可对各原始采集数据量编辑四则运算和逻辑运算，实现各类能耗分摊、KPI 指标核算等功能。

2 应支持界面自定义组态，可根据项目需求及不同场景配置不同的业务功能模块，灵活快速地满足各类应用场景需求。

3 应对能耗超标事件进行告警，支持以固定值、历史平均值等作为告警参考值，支持通过弹窗、声光、短信、App 推送、电话语音、邮件等多种方式将告警事件通知用户，可根据告警产生时间、类别、告警等级等条件检索历史告警事件。

4 应具有完善的权限管理功能，支持设置多种用户角色，为每种角色提供不同的页面权限、数据权限和操作权限，确保不同角色用户登录系统后仅能查看和操作已授权的界面和数据，保证平台数据的安全性。

5 宜支持通过 App 或公众号等进行移动端数据监测和管理，可查看总体用能情况和关键 KPI 指标，查询能耗趋势、占比、排名情况，对能耗异常进行告警提醒。

4.1.8 综合能效管理系统应定时收集建筑设备监控系统或一体化智能机电控制器的 PID 参数或其他智能控制算法关键参数，并根据控制对象变化趋势，调整控制器的 PID 参数或其他智能控制算法关键参数。

4.1.9 建筑综合能效管理系统数据处理功能应符合下列规定：

1 实时数据更新频率≤5 s。

2 非统计性数据查询响应时间≤2 s。

3 统计性数据查询响应时间≤4 s。

4 系统最大可接入点数≥10 万。

5 历史数据存储时间≥5 年。

6 有效数据百分比≥95%。

7 用户并发数≥20。

4.1.10 其他系统提供给综合能效管理系统数据，宜采用 Modbus TCP、OPC、BACnet、Web API、ODBC 数据对接接口。

4.2 空调监控

4.2.1 空调监控应符合下列规定：

1 集中供暖与空调系统应采取包括各类参数监测、运行状态显示、调节与控制、工况转换、用能计量等监控措施。

2 间歇运行的空调系统应设置自动启停控制装置。控制装置应具备按预定时间表、服务区域是否有人等控制模式，实现设备自动启停的功能。

3 有集中控制需求的分体式空调系统应设置相应的控制装置，控制装置应具备运行状态、运行模式、运行温度等监控功能；宜包括环境温度、湿度、空调健康状态等参数的采集功能。

4 用能计量应包含下列内容：

1）锅炉房、热力站和制冷机房的燃料消耗量、耗热量、耗电量、供热量、供冷量及补水量。

2）采用集中冷源和热源时，在每栋建筑的冷源和热源入口处以及需要独立计量的用户单元，应设置冷量和热量计量。

3）锅炉房、热力站和制冷机房的循环水泵的用电量。

4）建筑内部需独立计量的区域，应分别设置冷量、热量、电能计量装置。

5）集中式空调冷热源系统的冷、热水主管上应设置能量信息采集装置，并在相应用电设备的供电回路上设置电能计量装置，以便考核系统实际运行效率。

4.2.2 集中空调系统应根据冷源和热源主机、冷却塔、水泵和空调末端设备等的技术特点，制定相应的节能运行策略。

4.2.3 冷热源系统应具有下列监控功能：

1 应对系统冷热源的瞬时值和累计值进行监测，可根据负荷情况对机组采用最优控制。

2 锅炉房和热交换机房应设置供回水温度、蒸汽压力与流量、热水压力与流量的监测装置。

3 应对冷水（热泵）机组、水泵、阀门、冷却塔等设备进行顺序启停和连锁控制。

4 应对供、回水温度及压差进行控制和监测。

5 应对水泵进行台数控制，宜采用流量优化控制方式。

6 应对二级泵进行自动变速控制，宜根据系统供回温差、末端压差等控制转速。

7 应对冷却塔风机进行台数控制，宜对冷却塔风机进行变速控制。

8 应对冷却塔进行自动排污控制。

9 宜根据冷负荷量和机组运行状态对冷水机组出水温度进行优化设定。

10 应对设备运行状态进行监测及故障报警。

11 宜能按累计运行时间进行设备的轮换使用。

12 集中供暖系统的热源应根据室外气象条件自动调节供水温度。

13 冰蓄冷系统应根据工艺设置多种运行模式，具有运行参数设置、运行模式的自动转换、控制蓄冰设备融冰速度、主机供冷量调节、主机与蓄冷设备供冷能力的协调、蓄冷设备蓄冰量显示、各设备启停与顺序启停等监控功能。

4.2.4 水蓄冷(热)系统应根据工艺设置多种运行模式,并应具有运行参数设置、运行模式的自动转换、控制蓄冷(热)水罐充放速度、主机供冷(热)量调节、主机与蓄冷(热)水罐供冷(热)能力的协调、蓄冷(热)水罐水温及斜温层位置显示、各设备启停与顺序启停等监控功能。

4.2.5 采用蒸汽为热源的供暖、空调系统,应回收用汽设备产生的凝结水,凝结水回收系统应采用闭式系统,并应根据工艺要求(如:重力、背压和压力凝结水系统)进行监控设计,对回收的凝结水流量、温度进行检测与计量。

4.2.6 空调风系统应具有下列监控功能:

1 应对风机、风阀和水阀进行启停连锁控制。

2 应按使用时间进行定时启停控制,宜对启停时间进行优化调整。

3 当采用变风量系统时,空调机组的风机应采用变速控制方式,并应采集末端装置的送风温度、风速和风阀的开度;当采用定静压系统时,应采集风管压力。

4 过渡季宜采用加大新风比的控制方式,并实现新风量和排风量的同步控制。

5 应监控空调送风温湿度、回风温湿度和新风温湿度。

6 在人员密度相对较高且变化较大的房间,宜采用新风需求控制。根据室内二氧化碳浓度监测值,实现新风按需动态控制,节约新风处理能耗。

7 宜根据室外气象参数优化调节室内温度设定值。

8 全新风系统送风末端宜采用设置人离延时关闭送风末端的控制方式。

9 应监测设备的运行状态并对故障进行报警。

10 过滤器应设置超压报警或显示。

11 风机盘管应采用电动水阀和风速相结合的控制方式,宜设置常闭式电动通断阀，公共区域风机盘管应满足下列监控功能：

1）应对室内温度设定值范围进行限制。

2）应按使用时间进行定时启停控制，宜对启停时间进行优化调整。

12 以排除房间余热为主的通风系统，宜根据室内温度对通风设备进行运行台数控制或转速控制。

13 地下停车库的通风系统，应根据使用情况对通风机设定启停控制，或根据车库内的一氧化碳浓度进行自动运行控制。

4.2.7 宜设置室内热舒适监测与发布系统，当设置时应满足下列要求：

1 宜监测室内温度、湿度、空调能耗等参数，在每层公共区域实时显示温湿度，存储至少1年的监测数据。

2 发布系统宜结合人员在室率情况及监测数据，指导通风空调系统运行。

4.3 电气设备用能监控

4.3.1 电气设备用能监控系统或功能应符合现行上海市工程建设规范《公共建筑用能监测系统工程技术标准》DGJ 08—2068 的规定。

4.3.2 电气设备用能监控范围应包括电力设备监控、照明系统监控、电梯监控、充电桩监控、冷热电联产系统等。

4.3.3 电力设备监控应符合下列规定：

1 应对高/低压配电柜、变压器、发电机、低压配电箱（柜）进行监控。宜包括对电能质量调整装置、配电母排等设备进行监控。

2 电力设备监控应采集下列信息：

1）10 kV 及以上电压等级的电压、电流、频率、有功功率、无功功率、功率因数、有功电度、谐波、开关状态、故障报警等。

2）变压器的温度、超温报警状态、散热风机启停状态等。

3）0.4 kV 进线侧及重要回路的电压、电流、频率、有功功率、无功功率、功率因数、电能、谐波、开关状态及故障报警等。

4）配电回路所采集的电力参数信息宜包括电压、电流、有功功率、无功功率、功率因数、有功电度、开关状态、故障报警等数据。

5）对特别重要负荷的配电母排，可采集母排之间、母排与其他设备之间连接处的温度，并设置高温报警功能。

3 电力设备监控感知层可由传感器、电力仪表、配电设备辅助触点、控制器、通信模块等组成，也可采用集监控、计量、通信、计算、存储等为一体的智能配电设备。通信接口应满足 TCP/IP、Modbus RTU、IEC 61850 等通信协议。

4 控制平台应具有设备资产管理、电能效管理、预测性维护、报表生成等功能。

4.3.4 照明系统监控应符合下列规定：

1 室内主要功能空间宜设置集中监控照明系统，照明质量应达到现行国家标准《建筑照明设计标准》GB 50034 的规定。

2 照明系统应集中监控室内公共区域照明、泛光照明、景观照明等，可监控大空间区域、多功能厅、重要会议厅（室）、报告厅等区域的照明。

3 集中监控照明系统的采集信息应符合下列规定：

1）应采集照明监控回路的工作状态。

2）宜采集被监控区域的环境照度。

4 集中监控照明系统的控制功能应符合下列规定：

1）应根据使用时间，自动开启或关闭所在场所的部分或全部照明。

2）有天然采光的区域，宜根据天然采光照度自动调节或开关所在场所的照明。

3）宜根据工作场所是否有人员，自动开关所在场所的照明。

4）应根据使用环境的特殊功能需求，设置不同场景的控制模式。

5 照明集中监控系统宜具备良好的中文人机交互界面，可实时显示和记录所控照明系统的各种相关信息并自动生成分析和统计报表，并预留与其他系统的联动接口以及与综合能效管理系统的通信接口。

4.3.5 电梯监控应符合下列规定：

1 单台电梯应选用集选控制方式；2台及以上并列设置的电梯应采用群控方式。

2 电梯监控系统应设置与电梯控制系统的通信接口。

3 电梯监控系统应通过电梯自带控制系统获得电梯运行工况、停靠楼层、故障状态等信息。

4 电梯监控系统应通过电能计量系统获得电压、电流、有功功率、无功功率、功率因数、电能消耗、谐波等电气参数。

4.3.6 充电桩监控系统应符合下列规定：

1 充电桩监控系统设置应符合表4.3.6的规定。

表4.3.6 充电桩监控系统设置要求

充电桩数量 n	监控系统的设置要求
$n \leq 3$	可根据工程需求，通过智能仪表采集电气参数，上传至综合能效管理系统
$4 \leq n \leq 30$	宜设置独立监控系统，并上传至综合能效管理系统
$n > 30$	应设置独立监控系统，并上传至综合能效管理系统

2 充电桩监控系统信息采集应符合下列规定：

1）可采集充电设施供配电系统的开关状态、保护信息、电压、电流、有功功率、无功功率、功率因数、谐波、电能计量等信息。

2）应具有对充电设备的故障报警、事件记录与统计等功能。

3）应对充电设备进行监测、控制、保护，以及数据处理与存储、事故状态下的紧急处理等功能。

4）直流充电桩应监视电动汽车储能单元的储能状态。

5）可以接受时钟同步系统授时，保证系统时间的一致性。

3 充电系统的电量计量应包括充电设施和电力部门之间的电量结算计量（若为低压供电）、充电设备和电动汽车之间的电量、服务费用结算计量。

4 系统应具有兼容性和扩展性，满足不同类型充电设备接入以及充电设施规模扩容等要求。

5 应具有充电监控、用电统计、数据报表、安全管理等功能，应配套相关 App 或公众号，实现相关充电付款功能。

6 当充电桩所在场所发生火灾时，应立即切断充电桩的电源。

4.3.7 冷热电联产系统应设置通信接口，电气用能监测系统应通过冷热电联产系统的通信接口采集下列参数：

1 余热利用设备、原动机、制冷机、发电机等主要设备的运行参数。

2 各工艺系统辅机的运行状态、主要可控阀门的开/关状态及调节阀门开度信号、仪表与控制用电源、气源及其他供给源的运行参数、越限状态等参数。

4.3.8 电气设备用能监控系统的信息及数据集成，宜基于物联网的架构，采用开放性的 TCP/IP 协议进行信息和数据的交互。与各监控系统间的联动控制可通过现场总线，宜采用开放性的 OPC 协议进行联动控制信息和数据的交互。

4.4 可再生能源系统监控

4.4.1 建筑物常用的可再生能源系统监控应包括地埋管地源热泵系统、太阳能热水系统、光伏发电系统、风能发电系统等。

4.4.2 地埋管地源热泵系统应设置监测与控制系统，并符合下列规定：

1 系统监测应满足下列要求：

1) 应具有运行参数检测、参数与设备状态显示、用能分项计量等监测功能以及调节与工况转换、设备连锁与自动保护等监控与管理措施等。

2) 宜设置分楼层、分室内区域、分用户的冷热量计量装置。

3) 地埋管地源热泵系统应在热泵机房附近设置室外温、湿度传感器，并对传感器进行必要保护。

4) 系统在运行中应对地下换热器的分、集水器进行压力和温度监测，应对连接在分集水器上的回水管支路进行温度监测，宜设置温度高(低)限和压力高(低)限报警。

5) 系统在运行中应对地下换热器循环水总流量和热量进行监测。宜对地下换热器各分组循环水流量进行监测。

6) 系统在运行过程中宜监测岩土温度的变化，建筑面积超过 10 000 m^2的项目，温度监测井不少于 2 个。

2 系统控制应满足下列要求：

1) 地埋管地源热泵系统宜采用集中监控系统并具有数据上传的功能；未采用集中监控系统的，宜采用就地的自动控制系统。

2) 地埋管换热器应通过电动阀门实现分组控制，能在部分负荷情况下对水源热泵机组实行分组交替运行。

3) 复合式地埋管地源热泵系统的辅助散热/加热装置应能够独立控制并单独运行，在部分负荷下具备地埋管换热器与辅助散热/加热装置灵活转换运行的能力。

4）系统设备自动方式运行时，系统中的相关辅助设备应与热泵机组进行电气连锁，顺序启停，应设置必要的措施防止所有热泵机组同时启动。

5）水源热泵机组运行时，宜根据地埋管进、出水的温度对地埋管换热器组群、辅助热源(汇)的切换和启停进行控制。地源侧循环泵宜采用温差控制变流量运行。

3 地源热泵集中监控管理系统应具备与楼宇自动化管理平台或建筑综合能效管理平台及其他平台兼容的通信接口。

4.4.3 太阳能热水系统应设置监测与控制系统，并符合下列规定：

1 系统监测应满足下列要求：

1）应监测使用环境的温度、湿度；监测集热器、贮热水箱的温度。

2）应监测系统设备、阀门的运行状态，故障状态。

3）应监测贮热水箱的液位。

4）应监测太阳能热水系统的进出水量。

5）应监测太阳能热水系统的能耗。

2 系统包含手动控制、自动控制功能，其节能优化控制应满足下列要求：

1）采用温差循环运行控制设计的即热系统，温差循环的启动值与停止值应可调。

2）开式即热系统及开式贮热水箱的非满水位运行控制中，当水箱水温高于设定温度时，应采用定温出水，然后自动补水，在水箱水满后再转换为温差循环。

3）温差循环控制的水箱测温点应在水箱的下部。

4）集热器面积大于 300 m^2 的集热系统，代表集热器温度的高温点或低温点宜设置一个以上温度传感器。

3 太阳能热水系统应具备与楼宇自动化管理平台或建筑综

合能效管理平台及其他平台兼容的通信接口。

4.4.4 光伏发电系统和风能发电系统应设置集中监控系统，并符合下列规定：

1 系统应采集下列信息：

1) 系统电压、电流、日发电量、累计发电量等参数。

2) 通过 10 kV(6 kV)电压等级并网的光伏发电系统，应监测包括系统有功功率、无功功率、电流、并网点电压和频率、并网状态、逆变器状态、继电保护及自动装置状态等信息。

2 光伏发电系统和风能发电系统应在配电系统的并网处，设置关口数字多功能计量仪表，并具有有功正反向，无功四象限等功能。

3 建筑物光伏发电和系统风能发电系统在公共连接点装设的电能质量在线监测装置应符合现行国家标准《电能质量监测设备通用要求》GB/T 19862 的有关规定。

4.5 给排水系统监控

4.5.1 给排水系统监控应符合下列规定：

1 应根据给排水系统的水位、压力等状态对给排水装置进行监控。

2 应根据热水系统的供、回水温度、压力、流量等状态对加热设备的台数、循环水泵和补水泵进行监控。

4.5.2 给排水系统信息采集装置应符合下列规定：

1 应采集给排水系统的水位、流量、压力等信息。

2 应采集热水系统的供水和回水温度、压力、流量等信息。

4.5.3 给水系统应具有下列监控功能：

1 应对给水箱、水池的高水位和低水位状态进行监视。

2 应对给水系统水泵的运行、故障及手控和自控状态进行检测。当采用变频控制的水泵时，应对频率进行监控。应自动累计设备运行时间，确定主、备用泵的轮换并做维护提示等。

3 应根据高位水箱水位的高低监控水泵的启停。

4 应根据变频给水系统水管出口压力控制水泵的启停或调节水泵转速。

4.5.4 排水系统应具有下列监控功能：

1 应根据排水系统集水坑(池)位的高低控制水泵的启停。

2 应对排水系统的溢流水位的状态报警。

3 应监视水泵的运行、故障、手控和自控状态，自动累计设备运行时间并提示维护。

4.5.5 热水系统应具有下列监控功能：

1 应具有运行状态、台数控制、热水循环泵和补水泵启停的监控。

2 供热温度应具有自动调节控制和能耗累计的统计功能。

4.5.6 节水灌溉系统应具有下列监控功能：

1 应监视灌溉水泵的运行状态、监控灌溉系统的电磁阀或电动阀。

2 用水量宜接入能效监管平台。

4.5.7 雨水控制及利用系统应采用自动控制、手动控制，宜设置远程控制，并应具有下列监控功能：

1 应监控水池水位及其控制的阀门。

2 应对系统耗用的水、电进行单独计量；应对处理后的水量进行计量。

3 宜监控系统内设备的运行状态、故障状态等。

4 应在线或人工现场监测水质。

5 雨水控制及利用系统应预留通信接口接入管理平台。

4.5.8 雨水系统应采用自动控制、手动控制，宜设置远程控制，并应具有下列监控功能：

1 应监控中水贮存池、调节池的液位及其控制的阀门。

2 应对系统耗用的水、电进行单独计量；对处理后的水量进行计量。

3 宜监控系统内设备的运行状态、故障状态等。

4 应在线或人工现场监测水质。

5 中水系统控制器应预留通信接口接入管理平台。

4.6 遮阳及门窗启闭监控

4.6.1 自动遮阳系统应符合下列规定：

1 遮阳系统宜具有日光、风雨及场景等节能监控功能；系统宜具有根据物业的使用要求实现个性化操作的其他控制措施。

2 遮阳系统应根据使用和环境条件等要求，按所设定太阳照射方位角自动调节室外遮阳板的角度和高度。

3 系统宜根据日光对建筑的照射强度，控制嵌入式遮阳百叶帘或室外遮阳板与太阳照射的方位角与高度角同步到相应角度。

4.6.2 自动门窗开启系统宜符合下列规定：

1 系统在室内需要供冷的过渡季节里，宜对建筑的可开启窗户进行开关状态控制。

2 系统宜具有室外温感的联动控制功能，有效地利用自然通风循环降低建筑能耗。

3 系统宜对建筑中的区域通道门或房间门，实施与人员出入管理相结合的对门的启闭控制。

4.6.3 自动遮阳系统和自动门窗开启系统的联动控制应符合下列规定：

1 系统应按建筑物所设定的室内外温差值，宜对建筑的外层通风窗的启闭状态或启闭度实施节能控制。

2 系统宜按建筑物出入口门启闭的管理要求，实现与室内的空调、照明等能源设备启停的节能联动控制。

3 系统宜根据门窗的启闭状态，综合控制室内空调、照明系统的启停。

4 系统应为建筑综合能效管理系统计划用电和负荷管理提供可操作的监控手段。

4.7 室内环境监控

4.7.1 室内环境监控应包括空气质量、温度、湿度、光环境、噪声等。

4.7.2 建筑物的人员密集场所宜设置空气质量监控与公示系统，宜与建筑物信息发布系统结合，室内空气质量指数定期公示。

4.7.3 当监控室内 PM10、PM2.5、二氧化碳浓度时，监控系统应具有参数越限报警、事故报警及报警记录功能，并宜设有系统或设备故障诊断功能。存储介质和数据库应能记录连续一年以上的运行参数和实时显示等功能。

4.7.4 空气质量监测应与室内空气质量调控设备组成自动控制系统。

4.7.5 地下车库宜设置与排风设备联动的一氧化碳浓度监测装置，一氧化碳浓度监测装置应具备远程手动启停和根据时间启停的功能。

4.7.6 室内主要功能空间应设置温度、湿度以及空气质量的监测与控制系统，监测参数应符合下列规定：

1 在公共建筑中的办公室、会议室、商场、影剧院、展厅、餐厅等公共空间及人员长期逗留的空间，应监测温度、湿度、二氧化碳，宜监测颗粒物、甲醛、TVOC 等参数。

2 应在地下车库监测一氧化碳参数。

3 应实时获取环境质量调控设备的运行、故障、手自动状态、设备累计运行时间等参数。

4.7.7 室内空气质量监控宜包含下列功能：

1 显示监测参数与设备状态。

2 自动调节与控制功能。

3 工况自动转换功能。

4 设备自动保护功能。

5 信息发布及交互功能。

4.7.8 对噪声控制有特殊要求的场所宜设置噪声监测设备。

4.7.9 室内环境监控监测设备的性能指标应满足下列规定：

1 传感器测量范围和精度应满足工艺控制要求，且需与二次仪表匹配。

2 传感器应设置 RS 232、RS 422 或 RS 485 通信接口，监测设备宜具有数据记录、存储、显示、输出功能。

3 温度、湿度传感器：

1） 温度、湿度传感器测量范围宜为测点温、湿度范围的 1.2 倍～1.5 倍。

2） 温度传感器不确定度的允许偏差应为±0.2℃。

3） 湿度传感器不确定度的允许偏差应为±5%。

4 二氧化碳传感器宜采用非色散红外技术，其设置应符合下列规定：

1） 测量范围应为 400 ppm～5 000 ppm；最小分辨率应为 1 ppm。

2） 24 h 零点漂移不应超过满量程的±2.5%，24 h 量程漂移不应超过满量程的±2.5%。

3） 传感器的比对测试应符合现行国家标准《公共场所卫生检验方法　第 2 部分：化学污染物》GB/T 18204.2 的规定，且总不确定度应小于 20%。

4） 预热时间不应大于 180 s，响应时间不应大于 60 s，恢复时间不应大于 60 s。

5 一氧化碳传感器宜采用电化学式气体传感器。

6 PM2.5 传感器宜采用激光散射、扩散充电技术，其设置应符合下列规定：

1）测量范围应为 0.001 mg/m^3～0.5 mg/m^3；最小分辨率应为 0.001 mg/m^3。

2）24 h 零点漂移不应超过满量程的±2.0%，24 h 量程漂移不应超过满量程的±2.0%。

3）应采用重量法和微量震荡天平法对传感器进行对比测试，且总不确定度应小于 20%。

7 甲醛传感器的设置应符合下列规定：

1）测量范围应为 0.01 mg/m^3～0.5 mg/m^3；最小分辨率应为 0.01 mg/m^3。

2）预热时间不应大于 180 s，响应时间不应大于 60 s，恢复时间不应大于 60 s。

3）应采用酚试剂分光光度法对传感器进行比对测试，且总不确定度应小于 30%。

8 TVOC 传感器的设置应符合下列规定：

1）测量范围应为 0.1 mg/m^3～2.0 mg/m^3。

2）最小分辨率应为 0.01 mg/m^3。

3）预热时间不应大于 180 s，响应时间不应大于 60 s，恢复时间不应大于 60 s。

4）24 h 零点漂移不应超过满量程的±2.5%，24 h 量程漂移不应超过满量程的±2.5%。

4.7.10 传感器应采用自动或手动方法进行零点漂移和量程漂移校准。24 h 零点漂移不应超过满量程的±2.5%，24 h 量程漂移不应超过满量程的±2.5%。

4.7.11 温度、湿度传感器每连续运行 1 年，PM2.5、二氧化碳、甲醛、TVOC 传感器每连续运行半年后宜进行性能现场校验。当传感器性能不符合设计要求时应及时更换。

4.7.12 传感器设备的设置应满足下列要求：

1 在建筑典型功能空间设置的空气质量传感器，室内面积不足 50 m^2时，宜设置 1 个传感器，室内面积 50m^2～200 m^2宜设置 2 个传感器，室内面积大于 200 m^2 宜设置 3 个传感器。

2 壁挂式空气温度、湿度传感器应安装在空气流通且应能反映被测房间空气状态的位置。安装在风道内的温度、湿度传感器宜位于风道截面中心位置，且应安装在风管的直管段，如不能安装在直管段，则应避开风管内通风死角的位置安装。

3 二氧化碳、颗粒物、化学污染物传感器的安装应符合下列规定：

1）传感器应安装在空气流通测点距离地面高度 1.0 m～1.5 m。

2）测点应避开通风口、通风道等风速高的区域。

4 PM10 和 PM2.5 探测器的安装宜符合下列规定：

1）宜设置在室外空气进入室内的区域。

2）宜安装在空气流通测点距离地面高度 1 m～1.5 m。

5 应根据环境温度、湿度对传感器测量的影响确定风道内的二氧化碳、颗粒物、化学污染物等传感器的安装位置，传感器不确定度的评定测试工况应与实际工况相似，不确定度的评定及计算方法应现行行业标准《公共建筑室内空气质量控制设计标准》JGJ/T 461 附录 F 执行。

6 设置在地下车库的一氧化碳传感器，每个防火分区设置数量不宜少于 3 个，且每个探测器探测空间面积不宜大于 300 m^2，安装高度距离地面 1 m～1.5 m。

4.7.13 室内环境监控应符合下列技术规定：

1 传感器应自动或根据指令将采集的信息发至联动设备的控制部件/控制器，由控制器对设备进行调节控制，同时，将所接受到的传感器信息及所控设备的实时状态参数发至综合能效监控系统；送排风设备有联锁控制关系的，应由控制器间互相通信完成联锁控制，不应依赖综合能效监控系统下发指令。

2 系统对所有参数的记录不应少于 1 年，环境参数和设备参数应具有以趋势图的形式进行显示、比较，为管理方后期对环境监控系统本身的维护和设备节能运行的管理，提供数据分析支持。

3 宜设置室内主要污染物浓度超标实时报警装置。

4 可设置室内环境噪声超标实时报警装置。

5 房间污染物浓度等应符合国家现行相关标准的规定；宜根据房间内污染物浓度控制目标及设备、人员的使用状况进行系统的调节。

6 宜根据系统形式选择开关控制或连续性控制。

4.7.14 建筑物可设置水质在线监测装置，水质在线监测装置应满足下列技术要求：

1 生活饮用水、直饮水、游泳池水水质在线监测系统具有监测浊度、余氯的功能。

2 非传统水源水质在线监测系统具有监测浊度、余氯、pH值、TDS的功能。

3 应及时公示各类用水水质的检测结果。通过建筑物信息发布系统平台公示水质报告；信息发布平台具有用户水质状况查询功能模块并能得到及时反馈。

4.8 一体化智能机电

4.8.1 建筑设备监控与节能管理宜采用强弱电一体化智能机电设备。

4.8.2 一体化智能机电系统应具有建筑设备监控、电力监控、照明控制、剩余电流检测、用能计量、建筑环境检测、综合能效管理的功能。

4.8.3 一体化智能机电系统应满足下列要求：

1 应能够在本地服务器和云服务器运行，实时监控控制设备运行，存储设备能耗、运行和故障记录不应少于3年。

2 应支持BACnet、Lon Works、TCP、主流PLC现场总线等多种协议接口。

3 应具有数据采集和分析功能，通过预测设备能耗和故障趋势，发送优化控制参数到边缘计算控制器。

4 应显示冷热源系统的使用能效 COP 逐时图、被控机电设备用能情况和关键 KPI 指标评估图、PID 或其他智能控制算法关键参数曲线。

5 应对能耗超标事件和能耗异常事件告警，并能查询能耗趋势、占比、排名情况等。

6 系统云平台的数据通信应支持 SSL3.0 及 TLS2.1。

7 应提供开放的应用程序接口，支持数据集成到建筑信息化模型。

4.8.4 一体化智能机电设备应满足下列技术要求：

1 应具有设备用能采集及能效评估的功能。

2 应提供被控设备专用节能控制策略。

3 应采用具有自动 PID 调节或其他智能调节算法功能的控制器，并内置针对不同机电设备控制参数的默认经验值。

4 控制器应具有温度、压力、PID 或其他智能控制算法、最低频率等参数设定值输入界面，可脱离监控主机独立运行。

5 应具有本地状态显示及参数设置功能，包括设备启停控制、PID 或其他智能控制算法相关参数设定、运行及故障信息、周计划时间表、单日累计使用/停用时间、电能参数。

6 核心控制部件应采用方便快速更换的模块化架构。

7 智能化控制器应满足照明、给排水、空调、通排风、冷热源、电梯等设备的节能控制、环境质量控制、时间表控制，应具有各类传感器的信号接口和执行机构的控制接口。

8 一体化机电设备应采集的电能耗、电压、电流、剩余电流等信息，宜采集温度、电气元件故障等信息，可通过现场总线，传输至综合能效管理系统。

4.8.5 一体化智能机电控制箱(柜)应满足下列技术要求：

1 设备箱/柜内应合理布局，满足电磁兼容要求。

2　与变频器同箱/柜安装时,应考虑散热通道,柜内配电和智能化部分应采用金属板隔离。

3　通信进线应采用单独布线,避免和配电线路共路由。

4　柜面宜采用液晶操作面板,可设置启动/停止、手自动、运行显示等参数。

4.8.6　一体化智能机电应提供带有标识的配电和智能化设备接线端子排及前端设备接线表、控制原理图等资料。

5　安装及验收

5.0.1　公共建筑绿色及节能工程智能化系统安装及验收的程序和组织应符合现行国家标准《建筑节能工程施工质量验收规范》GB 50411 和《智能建筑工程质量验收规范》GB 50339 的规定。

5.0.2　公共建筑绿色及节能工程智能化系统应作为建筑节能工程的子分部工程组织实施，其安装及验收应与建筑主体工程或建筑节能分部工程同步进行。该子分部工程宜包括建筑能效综合管理系统、空调监控系统、电气设备监控系统、可再生能源利用监控系统、给排水监控系统、遮阳及门窗启闭监控系统、室内环境监控系统等分项工程。

5.0.3　公共建筑绿色及节能工程智能化系统竣工验收内容应包括下列内容：

1　工程实施及质量控制检查。

2　系统检测合格。

3　竣工验收文件完整。

4　检测项目符合设计要求。

5　运行管理队伍组建完成及节能管理制度健全。

6　运行管理人员已完成培训并具有独立上岗能力。

5.0.4　公共建筑绿色及节能工程智能化系统相关的竣工验收文件应包括下列内容：

1　工程合同技术文件。

2　竣工设计文件（包括设计说明、系统结构图、系统控制原理图、控制系统配电箱电气原理图、相关监控设备电气接线图、控制室设备布置图、设备清单、监控点数表）。

3　系统技术、操作和维护手册。

4 设备和软件的产品说明书。

5 设备及系统调试记录。

6 系统检测报告。

7 工程实施及质量控制记录。

8 进场设备和材料验收文件。

9 隐蔽工程验收记录和相关图像资料。

10 分项工程质量验收记录，应核查检验批验收记录。

11 系统试运行记录、报告。

5.0.5 系统技术、操作和维护手册中应包含：

1 各类机电系统在各个时段（冬季、夏季和过渡季节）节能控制要求和对应的控制策略说明。

2 各系统间功能联动要求，功能切换策略等。

3 各子系统与综合平台数据的编码格式与接口协议。

5.0.6 设备和软件的产品说明书中应包括：

1 各控制系统的页面响应时间、控制命令响应时间、报警信号响应时间及运行参数刷新时间。

2 系统冗余设备的故障检测、切换时间等要求。

3 系统故障检测与诊断系统的报警和显示功能要求。

4 其他设计文件或合同规定中有要求，但单项设备产品说明书中未包含的系统和软件的性能要求。

5.0.7 竣工验收前，建设方或检测机构应依据合同文件和设计文件，以及本标准第6章规定的检测项目和方法，制定检测方案，明确检测评估的时间节点，并经业主批准实施。

5.0.8 公共建筑绿色及节能工程智能化系统的检测从时间节点上宜分为竣工验收阶段检测和系统综合二次评估检测。竣工验收阶段检测报告应作为竣工验收依据收入验收资料中。

5.0.9 系统检测评价可按本标准附录B执行。检测项目应满足设计文件要求，与系统操作手册中的技术方案相一致，并符合产品说明书中的技术规格要求。

6 运行维护

6.0.1 应编制公共建筑绿色及节能工程智能化技术相关的工作程序文件，包括质量手册、程序文件、作业指导书，用以收集、传递资讯、控制作业流程或证明作业流程执行记录表单等。

6.0.2 应按照现行国家标准《能源管理体系要求》GB/T 23331 要求，组织建立能源管理体系。

6.0.3 应根据智能化系统设备的定期检查调试情况，实施保养计划，根据运行检测数据进行设备系统的运行优化。

6.0.4 应记录、分析与核查智能化系统的节能运行数据，定期提交优化运行建议。

6.0.5 应采用信息化手段进行系统管理。

6.0.6 运行维护工作范围包括节能工程相关的环境、设备、软件，并应符合下列规定：

1 应保障机房、管路的完整性，无漏水隐患；温度、湿度、洁净度、有害气体浓度的物理环境应满足设备运行要求。

2 应保障智能化系统的供配电、UPS、接地系统、软件等正常运行。

3 应保障智能化系统软件的可靠运行。

4 日程维护应包括巡检、例行保养、耗材补充、易损元器件的更换工作，并记录。

5 预防性维护应包括有计划保养、补充消耗品、更换元器件的维护工作，并记录。

6 预测性维护应基于运行过程中发现的故障征兆，提前于生命周期或维护周期进行的维护工作，并记录。

7 应根据运行维护记录，分析并优化运行方案。

8 应根据运维合同约定制定维护保养方案，包括日程维护、预防性维护、预测性维护及优化。

6.0.7 故障维修应包括质保期、保修期内和保修期外的维修，且应符合下列要求：

1 质保期的维修应包括免费的设备维修或更换的厂家维修。

2 保修期内的维修应包括建设方或外包的自主维修，渠道服务或原厂服务的厂家维修。

3 保修期外的维修工作应由建设方自理。

6.0.8 维修价值低或达到使用寿命的设备应报废并更新。

6.0.9 运维期间公共建筑绿色及节能工程智能化系统防雷及接地、智能化设备运行的安全监测应按周期进行自检自评或第三方评测。

6.0.10 自检自评宜符合下列要求：

1 检测主体宜由运维方、建设方、物业方组成。

2 检测内容宜包括外观检查和功能性测试。

3 检测报告宜包括书面检测结论及整改措施。

6.0.11 根据主管部门要求或自身情况，运维方可委托第三方对系统评测，并符合下列要求：

1 评测主体应具有相关资质。

2 测评内容应包括外观检查、功能性测试和系统有效性测试。

3 测评报告应包括测评结论和整改建议。

6.0.12 应用安全应包括权限认证和管理，根据不同的角色授予查看或修改权限（设置、修改、删除），通过用户账户以 U 盾或密码的认证方式进行访问，宜限制 IP 地址范围、访问时间段或设置访问设备的 IMEI 或 MAC 控制访问权限。

6.0.13 系统安全应包括采取防网络攻击措施，进行操作系统安全加固，进行数据库、协议和接口安全设计，进行敏感数据保护，实现系统安全。软件系统能通过主流杀毒软件的病毒扫描、漏洞扫描。

6.0.14 保护对象的安全保护等级确定应符合现行国家标准《网络安全等级保护定级指南》GB/T 22240 的规定。网络安全等级保护的第一级到第四级等级保护对象的安全通用要求和安全扩展应符合现行国家标准《网络安全等级保护安全设计技术要求》GB/T 25070 的规定。

6.0.15 公共建筑绿色及节能工程智能化系统的拆除及回收应符合现行相关标准的规定。

附录A　绿色及节能工程智能化系统调试报告交付表式

表 A.1　建筑综合能效管理系统调试报告

<table>
<tr><td colspan="2">工程名称</td><td colspan="6"></td></tr>
<tr><td colspan="2">子系统名称</td><td colspan="2">建筑综合能效管理系统</td><td>设备名称</td><td colspan="3"></td></tr>
<tr><td colspan="2">建设方</td><td colspan="2"></td><td>项目负责人</td><td colspan="3"></td></tr>
<tr><td colspan="2">施工方</td><td colspan="2"></td><td>项目负责人</td><td colspan="3"></td></tr>
<tr><td colspan="2">调试时间</td><td colspan="2"></td><td>调试部位(位置)</td><td colspan="3"></td></tr>
<tr><td rowspan="9">主控项目</td><td colspan="2">验收项目</td><td>设计要求及规范规定</td><td>系统运行时长</td><td>检查记录</td><td>检查结果</td></tr>
<tr><td>1</td><td>数据实时性</td><td>本标准第 4.1.9 条</td><td></td><td></td><td></td></tr>
<tr><td>2</td><td>访问速度</td><td>本标准第 4.1.9 条</td><td></td><td></td><td></td></tr>
<tr><td>3</td><td>数据接入能力</td><td>本标准第 4.1.9 条</td><td></td><td></td><td></td></tr>
<tr><td>4</td><td>数据存储能力</td><td>本标准第 4.1.9 条</td><td></td><td></td><td></td></tr>
<tr><td>5</td><td>数据质量</td><td>本标准第 4.1.9 条</td><td></td><td></td><td></td></tr>
<tr><td>6</td><td>并发能力</td><td>本标准第 4.1.9 条</td><td></td><td></td><td></td></tr>
<tr><td>7</td><td>系统监测</td><td>具有数据通信、数据存储、断点续传和综合处理的能力</td><td></td><td></td><td></td></tr>
<tr><td>8</td><td>互联互通</td><td>具有标准化的通信接口及通信协议</td><td></td><td></td><td></td></tr>
</table>

续表A.1

	验收项目		设计要求及规范规定	系统运行时长	检查记录	检查结果
主控项目	9	控制参数	收集所有 PID 或其他智能调节参数，通过识别趋势图中的比例、积分、微分的基本曲线特征，并对 PID 或其他智能调节进行整定			
	10	决策辅助	具有对比分析、指标对标、能源平衡分析、设备利用率分析、能耗预测、定额管理的功能			
	11	能效监测	监测显示集中冷热源系统的使用能效 COP 值（每 15 min）			
	12	能耗统计显示	支持多种类型的报表；多维度统计、分时统计、能耗地图、费用统计功能			
施工方检查结果			项目负责人签字：			
			项目专业质量检查员：			
			年 月 日			
监理方（建设方）验收结论			专业监理工程师： （建设方项目专业技术负责人）			

表 A.2 空调监控调试报告

<table>
<tr><td colspan="3">工程名称</td><td colspan="5"></td></tr>
<tr><td colspan="3">子系统名称</td><td colspan="2">空调监控</td><td>设备名称</td><td colspan="2"></td></tr>
<tr><td colspan="3">建设方</td><td colspan="2"></td><td>项目负责人</td><td colspan="2"></td></tr>
<tr><td colspan="3">施工方</td><td colspan="2"></td><td>项目负责人</td><td colspan="2"></td></tr>
<tr><td colspan="3">调试时间</td><td colspan="2"></td><td>调试部位(位置)</td><td colspan="2"></td></tr>
<tr><td rowspan="6">主控项目</td><td colspan="2">验收项目</td><td colspan="2">设计要求及规范规定</td><td>系统运行时长</td><td>检查记录</td><td>检查结果</td></tr>
<tr><td>1</td><td>控制参数</td><td colspan="2">收集所有 PID 或其他智能调节算法参数，通过识别趋势图中的基本曲线特征，并对 PID 或其他智能调节算法参数进行整定</td><td></td><td></td><td></td></tr>
<tr><td>2</td><td>计量</td><td colspan="2">本标准第 4.2.1 条</td><td></td><td></td><td></td></tr>
<tr><td>3</td><td>冷热源监控</td><td colspan="2">本标准第 4.2.3 条</td><td></td><td></td><td></td></tr>
<tr><td>4</td><td>空调风系统</td><td colspan="2">本标准第 4.2.6 条</td><td></td><td></td><td></td></tr>
<tr><td></td><td></td><td colspan="2"></td><td></td><td></td><td></td></tr>
<tr><td colspan="4" rowspan="3">施工方检查结果</td><td colspan="4">项目负责人：</td></tr>
<tr><td colspan="4">项目专业质量检查员：</td></tr>
<tr><td colspan="4">年 月 日</td></tr>
<tr><td colspan="4">监理方(建设方)验收结论</td><td colspan="4">专业监理工程师：
(建设方项目专业技术负责人)</td></tr>
</table>

表 A.3　分体空调监控调试报告

<table>
<tr><td colspan="3">工程名称</td><td colspan="5"></td></tr>
<tr><td colspan="3">子系统名称</td><td>分体空调监控</td><td>设备名称</td><td colspan="3"></td></tr>
<tr><td colspan="3">建设方</td><td></td><td>项目负责人</td><td colspan="3"></td></tr>
<tr><td colspan="3">施工方</td><td></td><td>项目负责人</td><td colspan="3"></td></tr>
<tr><td colspan="3">调试时间</td><td></td><td>调试部位(位置)</td><td colspan="3"></td></tr>
<tr><td rowspan="6">主控项目</td><td colspan="2">验收项目</td><td>设计要求及规范规定</td><td>系统运行时长</td><td>检查记录</td><td>检查结果</td></tr>
<tr><td>1</td><td>设备接收和控制功能</td><td>接收空调运行状态参数和远程按设定运行参数控制空调</td><td></td><td></td><td></td></tr>
<tr><td>2</td><td>空调监控参数用能计量和显示</td><td>采集和显示运行状态、环境参数显示、运行时长、电量及故障状态、健康状态等</td><td></td><td></td><td></td></tr>
<tr><td>3</td><td>空调故障诊断</td><td>根据空调电参数、运行参数等对空调缺氟、室外机脏堵、启动故障等进行早期预警</td><td></td><td></td><td></td></tr>
<tr><td>4</td><td>空调健康度评估</td><td>基于空调的维护情况、运行状态、故障情况等对空调进行健康度评估</td><td></td><td></td><td></td></tr>
<tr><td>5</td><td>空调资产管理</td><td>建立和显示包括空调型号参数、使用场所、健康度、历史故障及维保记录等详实的信息</td><td></td><td></td><td></td></tr>
<tr><td colspan="3" rowspan="3">施工方检查结果</td><td colspan="4">项目负责人：</td></tr>
<tr><td colspan="4">项目专业质量检查员：</td></tr>
<tr><td colspan="4">年　月　日</td></tr>
<tr><td colspan="3">监理方(建设方)验收结论</td><td colspan="4">专业监理工程师：
(建设方项目专业技术负责人)</td></tr>
</table>

表 A.4 电气设备用能监测与控制调试报告

工程名称						
子系统名称	电气设备用能监测与控制			设备名称		
建设方				项目负责人		
施工方				项目负责人		
调试时间				调试部位(位置)		
主控项目	验收项目		设计要求及规范规定	系统运行时长	检查记录	检查结果
	1	电力监控系统	本标准第 4.3.3 条			
	2	照明监控	本标准第 4.3.4 条			
	3	电梯监控	本标准第 4.3.5 条			
	4	充电桩监控	本标准第 4.3.6 条			
	5	冷热电联产监控	本标准第 4.3.7 条			
施工方检查结果	项目负责人：					
	项目专业质量检查员：					
	年 月 日					
监理方(建设方)验收结论	专业监理工程师： (建设方项目专业技术负责人)					

表 A.5 可再生能源系统监控调试报告

工程名称						
子系统名称	可再生能源系统监控			设备名称		
建设方				项目负责人		
施工方				项目负责人		
调试时间				调试部位(位置)		
主控项目	验收项目		设计要求及规范规定	系统运行时长	检查记录	检查结果
	1	地埋管地源热泵系统	本标准第 4.4.2 条			
	2	太阳能热水系统	本标准第 4.4.3 条			
	3	光伏发电系统	本标准第 4.4.4 条			
	4	建筑物风能发电系统	本标准第 4.4.4 条			
施工方检查结果	项目负责人:					
	项目专业质量检查员:					
	年 月 日					
监理方(建设方)验收结论	专业监理工程师: (建设方项目专业技术负责人)					

表 A.6　给排水系统监控调试报告

<table>
<tr><td colspan="2">工程名称</td><td colspan="5"></td></tr>
<tr><td colspan="2">子系统名称</td><td colspan="2">给排水系统监控</td><td>设备名称</td><td colspan="2"></td></tr>
<tr><td colspan="2">建设方</td><td colspan="2"></td><td>项目负责人</td><td colspan="2"></td></tr>
<tr><td colspan="2">施工方</td><td colspan="2"></td><td>项目负责人</td><td colspan="2"></td></tr>
<tr><td colspan="2">调试时间</td><td colspan="2"></td><td>调试部位(位置)</td><td colspan="2"></td></tr>
<tr><td rowspan="8">主控项目</td><td colspan="2">验收项目</td><td>设计要求及规范规定</td><td>系统运行时长</td><td>检查记录</td><td>检查结果</td></tr>
<tr><td>1</td><td>给水系统</td><td>本标准第 4.5.1～4.5.3 条</td><td></td><td></td><td></td></tr>
<tr><td>2</td><td>排水系统</td><td>本标准第 4.5.4 条</td><td></td><td></td><td></td></tr>
<tr><td>3</td><td>热水系统</td><td>本标准第 4.5.5 条</td><td></td><td></td><td></td></tr>
<tr><td>4</td><td>节水灌溉系统</td><td>本标准第 4.5.6 条</td><td></td><td></td><td></td></tr>
<tr><td>5</td><td>雨水回用系统</td><td>本标准第 4.5.7 条</td><td></td><td></td><td></td></tr>
<tr><td>6</td><td>中水系统</td><td>本标准第 4.5.8 条</td><td></td><td></td><td></td></tr>
<tr><td></td><td></td><td></td><td></td><td></td><td></td></tr>
<tr><td colspan="3" rowspan="3">施工方检查结果</td><td colspan="4">项目负责人：</td></tr>
<tr><td colspan="4">项目专业质量检查员：</td></tr>
<tr><td colspan="4">年　月　日</td></tr>
<tr><td colspan="3">监理方(建设方)验收结论</td><td colspan="4">专业监理工程师：
(建设方项目专业技术负责人)</td></tr>
</table>

表 A.7　遮阳及门窗启闭监控调试报告

<table>
<tr><td colspan="3">工程名称</td><td colspan="5"></td></tr>
<tr><td colspan="3">子系统名称</td><td>遮阳及门窗启闭监控</td><td>设备名称</td><td colspan="3"></td></tr>
<tr><td colspan="3">建设方</td><td></td><td>项目负责人</td><td colspan="3"></td></tr>
<tr><td colspan="3">施工方</td><td></td><td>项目负责人</td><td colspan="3"></td></tr>
<tr><td colspan="3">调试时间</td><td></td><td>调试部位(位置)</td><td colspan="3"></td></tr>
<tr><td rowspan="6">主控项目</td><td colspan="2">验收项目</td><td>设计要求及规范规定</td><td>系统运行时长</td><td>检查记录</td><td colspan="2">检查结果</td></tr>
<tr><td>1</td><td>自动遮阳系统</td><td>本标准第 4.6.1 条</td><td></td><td></td><td colspan="2"></td></tr>
<tr><td>2</td><td>门窗启闭系统</td><td>本标准第 4.6.2 条
本标准第 4.6.3 条</td><td></td><td></td><td colspan="2"></td></tr>
<tr><td></td><td></td><td></td><td></td><td></td><td colspan="2"></td></tr>
<tr><td></td><td></td><td></td><td></td><td></td><td colspan="2"></td></tr>
<tr><td></td><td></td><td></td><td></td><td></td><td colspan="2"></td></tr>
<tr><td colspan="3" rowspan="3">施工方检查结果</td><td colspan="5">项目负责人：</td></tr>
<tr><td colspan="5">项目专业质量检查员：</td></tr>
<tr><td colspan="5">年　月　日</td></tr>
<tr><td colspan="3">监理方(建设方)验收结论</td><td colspan="5">专业监理工程师：
(建设方项目专业技术负责人)</td></tr>
</table>

表 A.8 室内环境监控调试报告

<table>
<tr><td colspan="3">工程名称</td><td colspan="5"></td></tr>
<tr><td colspan="3">子系统名称</td><td colspan="2">室内环境监控</td><td>设备名称</td><td colspan="2"></td></tr>
<tr><td colspan="3">建设方</td><td colspan="2"></td><td>项目负责人</td><td colspan="2"></td></tr>
<tr><td colspan="3">施工方</td><td colspan="2"></td><td>项目负责人</td><td colspan="2"></td></tr>
<tr><td colspan="3">调试时间</td><td colspan="2"></td><td>调试部位(位置)</td><td colspan="2"></td></tr>
<tr><td rowspan="8">主控项目</td><td colspan="2">验收项目</td><td colspan="2">设计要求及规范规定</td><td>系统运行时长</td><td>检查记录</td><td>检查结果</td></tr>
<tr><td>1</td><td>联动控制</td><td colspan="2">室内空气质量监测与室内空气质量调控设备组成自动控制系统</td><td></td><td></td><td></td></tr>
<tr><td>2</td><td>环境监控功能</td><td colspan="2">本标准第 4.7.7 条</td><td></td><td></td><td></td></tr>
<tr><td>3</td><td>室内环境监测设备性能指标</td><td colspan="2">本标准第 4.7.3～4.7.11 条</td><td></td><td></td><td></td></tr>
<tr><td>4</td><td>传感器设置位置</td><td colspan="2">本标准第 4.7.12 条</td><td></td><td></td><td></td></tr>
<tr><td>5</td><td>室内监控系统功能</td><td colspan="2">本标准第 4.7.13 条</td><td></td><td></td><td></td></tr>
<tr><td>6</td><td>水质在线监测装置</td><td colspan="2">本标准第 4.7.14 条</td><td></td><td></td><td></td></tr>
<tr><td>7</td><td>室内环境公示</td><td colspan="2">本标准第 4.7.2 条</td><td></td><td></td><td></td></tr>
<tr><td colspan="4" rowspan="3">施工方检查结果</td><td colspan="4">项目负责人：</td></tr>
<tr><td colspan="4">项目专业质量检查员：</td></tr>
<tr><td colspan="4">年 月 日</td></tr>
<tr><td colspan="4">监理方(建设方)验收结论</td><td colspan="4">专业监理工程师：
(建设方项目专业技术负责人)</td></tr>
</table>

表 A.9　一体化智能机电调试报告

<table>
<tr><td colspan="3">工程名称</td><td colspan="4"></td></tr>
<tr><td colspan="3">子系统名称</td><td>一体化智能机电</td><td>设备名称</td><td colspan="2"></td></tr>
<tr><td colspan="3">建设方</td><td></td><td>项目负责人</td><td colspan="2"></td></tr>
<tr><td colspan="3">施工方</td><td></td><td>项目负责人</td><td colspan="2"></td></tr>
<tr><td colspan="3">调试时间</td><td></td><td>调试部位(位置)</td><td colspan="2"></td></tr>
<tr><td rowspan="6">主控项目</td><td colspan="2">验收项目</td><td>设计要求及规范规定</td><td>系统运行时长</td><td>检查记录</td><td>检查结果</td></tr>
<tr><td>1</td><td>电动机控制及保护、电路故障点检测、能耗趋势分析功能</td><td>本标准第 4.8.3 条</td><td></td><td></td><td></td></tr>
<tr><td>2</td><td>设备联动控制及连锁启停功能</td><td>本标准第 4.8.4 条</td><td></td><td></td><td></td></tr>
<tr><td>3</td><td>传感器精度、执行器匹配度、调节精度及特征曲线</td><td>本标准第 4.8.4 条</td><td></td><td></td><td></td></tr>
<tr><td>4</td><td>一体化智能机电控制箱(柜)</td><td>本标准第 4.8.5 条</td><td></td><td></td><td></td></tr>
<tr><td></td><td></td><td></td><td></td><td></td><td></td></tr>
<tr><td colspan="3" rowspan="3">施工方检查结果</td><td colspan="4">项目负责人:</td></tr>
<tr><td colspan="4">项目专业质量检查员:</td></tr>
<tr><td colspan="4">年　月　日</td></tr>
<tr><td colspan="3">监理方(建设方)验收结论</td><td colspan="4">专业监理工程师:
(建设方项目专业技术负责人)</td></tr>
</table>

附录B 绿色及节能工程智能化系统试运行报告表式

表 B.1 建筑综合能效管理系统试运行报告

<table>
<tr><td colspan="2">工程名称</td><td></td><td>建设方</td><td></td></tr>
<tr><td colspan="2">系统工程名称</td><td></td><td>施工方</td><td></td></tr>
<tr><td colspan="2">试运行日期</td><td></td><td>检测时间</td><td></td></tr>
<tr><td colspan="2">运行时长</td><td></td><td>检测工具</td><td></td></tr>
<tr><td colspan="2">试运行前准备</td><td colspan="3">核对图纸定位,确认时间要求</td></tr>
<tr><td colspan="3">检测项目</td><td>设计/标准要求</td><td>检测结果</td></tr>
<tr><td rowspan="4">性能检测</td><td colspan="2">网络与接口</td><td></td><td></td></tr>
<tr><td colspan="2">软件静态数值</td><td></td><td></td></tr>
<tr><td colspan="2">响应时间</td><td></td><td></td></tr>
<tr><td colspan="2">其他</td><td></td><td></td></tr>
<tr><td rowspan="6">功能检测</td><td colspan="2">整体功能</td><td></td><td></td></tr>
<tr><td colspan="2">集中监视、存储和统计功能</td><td></td><td></td></tr>
<tr><td colspan="2">报警监视与处理功能</td><td></td><td></td></tr>
<tr><td colspan="2">数据分析、信息管理功能</td><td></td><td></td></tr>
<tr><td colspan="2">控制参数显示(如 PID 或其他智能调节算法参数)</td><td></td><td></td></tr>
<tr><td colspan="2">其他</td><td></td><td></td></tr>
<tr><td colspan="5">试运行总结报告:</td></tr>
<tr><td colspan="2">监理工程师
核查意见</td><td></td><td colspan="2">项目负责人:
专业技术负责人:
专业工长:</td></tr>
<tr><td colspan="2">建设方项目专业
技术负责人意见</td><td colspan="3"></td></tr>
</table>

表 B.2　空调监控系统试运行报告

工程名称		建设方	
系统工程名称		施工方	
试运行日期		检测时间	
运行时长		检测工具	
试运行前准备	核对图纸定位，确认时间要求		
检测项目		设计/标准要求	检测结果
控制功能	控制稳定性		
	响应时间		
	控制效果		
机组控制	系统监测参数		
	启停、顺序、联动、连锁控制		
	参数设置、运行模式转换		
	能耗监测		
	其他		
试运行总结报告：			
监理工程师核查意见		项目负责人： 专业技术负责人： 专业工长：	
建设方项目专业技术负责人意见			

表 B.3　电气设备用能监测与控制试运行报告

<table>
<tr><td colspan="2">工程名称</td><td></td><td>建设方</td><td></td></tr>
<tr><td colspan="2">系统工程名称</td><td></td><td>施工方</td><td></td></tr>
<tr><td colspan="2">试运行日期</td><td></td><td>检测时间</td><td></td></tr>
<tr><td colspan="2">运行时长</td><td></td><td>检测工具</td><td></td></tr>
<tr><td colspan="2">试运行前准备</td><td colspan="3">核对图纸定位，确认时间要求</td></tr>
<tr><td colspan="3">检测项目</td><td>设计/标准要求</td><td>检测结果</td></tr>
<tr><td rowspan="3">电气参数测量</td><td colspan="2">电气测量仪表</td><td></td><td></td></tr>
<tr><td colspan="2">综合保护装置</td><td></td><td></td></tr>
<tr><td colspan="2">其他</td><td></td><td></td></tr>
<tr><td rowspan="5">设备运行状态</td><td colspan="2">应急发电机组工作状态</td><td></td><td></td></tr>
<tr><td colspan="2">UPS、蓄电池工作状态</td><td></td><td></td></tr>
<tr><td colspan="2">参数设置、运行模式转换</td><td></td><td></td></tr>
<tr><td colspan="2">照明控制系统</td><td></td><td></td></tr>
<tr><td colspan="2">充电桩管理系统</td><td></td><td></td></tr>
<tr><td colspan="5">试运行总结报告：</td></tr>
<tr><td colspan="2">监理工程师核查意见</td><td></td><td colspan="2">项目负责人：
专业技术负责人：
专业工长：</td></tr>
<tr><td colspan="2">建设方项目专业技术负责人意见</td><td colspan="3"></td></tr>
</table>

表 B.4　可再生能源系统监控试运行报告

<table>
<tr><td colspan="2">工程名称</td><td></td><td>建设方</td><td></td></tr>
<tr><td colspan="2">系统工程名称</td><td></td><td>施工方</td><td></td></tr>
<tr><td colspan="2">试运行日期</td><td></td><td>检测时间</td><td></td></tr>
<tr><td colspan="2">运行时长</td><td></td><td>检测工具</td><td></td></tr>
<tr><td colspan="2">试运行前准备</td><td colspan="3">核对图纸定位，确认时间要求</td></tr>
<tr><td colspan="3">检测项目</td><td>设计/标准要求</td><td>检测结果</td></tr>
<tr><td rowspan="2">地源(水源)热泵</td><td colspan="2">系统监测与控制</td><td></td><td></td></tr>
<tr><td colspan="2">数据上传</td><td></td><td></td></tr>
<tr><td rowspan="2">光伏发电系统</td><td colspan="2">系统监测与控制</td><td></td><td></td></tr>
<tr><td colspan="2">数据上传</td><td></td><td></td></tr>
<tr><td rowspan="2">风力发电</td><td colspan="2">系统监测与控制</td><td></td><td></td></tr>
<tr><td colspan="2">数据上传</td><td></td><td></td></tr>
<tr><td rowspan="2">太阳能热水系统</td><td colspan="2">系统监测与控制</td><td></td><td></td></tr>
<tr><td colspan="2">数据上传</td><td></td><td></td></tr>
<tr><td colspan="5">试运行总结报告：</td></tr>
<tr><td colspan="2">监理工程师
核查意见</td><td></td><td colspan="2">项目负责人：
专业技术负责人：
专业工长：</td></tr>
<tr><td colspan="2">建设方项目专业
技术负责人意见</td><td colspan="3"></td></tr>
</table>

表 B.5 给排水系统监控试运行报告

<table>
<tr><td colspan="2">工程名称</td><td></td><td>建设方</td><td></td></tr>
<tr><td colspan="2">系统工程名称</td><td></td><td>施工方</td><td></td></tr>
<tr><td colspan="2">试运行日期</td><td></td><td>检测时间</td><td></td></tr>
<tr><td colspan="2">运行时长</td><td></td><td>检测工具</td><td></td></tr>
<tr><td colspan="2">试运行前准备</td><td colspan="3">核对图纸定位,确认时间要求</td></tr>
<tr><td colspan="3">检测项目</td><td>设计/标准要求</td><td>检测结果</td></tr>
<tr><td rowspan="2">给排水系统</td><td colspan="2">信息采集与监控</td><td></td><td></td></tr>
<tr><td colspan="2">水泵运行状况</td><td></td><td></td></tr>
<tr><td rowspan="2">热水系统</td><td colspan="2">信息采集与监控</td><td></td><td></td></tr>
<tr><td colspan="2">水泵运行状况</td><td></td><td></td></tr>
<tr><td rowspan="2">雨水回用系统</td><td colspan="2">系统运行状况</td><td></td><td></td></tr>
<tr><td colspan="2">数据上传</td><td></td><td></td></tr>
<tr><td rowspan="2">中水回用系统</td><td colspan="2">系统运行状况</td><td></td><td></td></tr>
<tr><td colspan="2">数据上传</td><td></td><td></td></tr>
<tr><td colspan="5">试运行总结报告:</td></tr>
<tr><td colspan="2">监理工程师核查意见</td><td></td><td colspan="2">项目负责人:
专业技术负责人:
专业工长:</td></tr>
<tr><td colspan="2">建设方项目专业技术负责人意见</td><td colspan="3"></td></tr>
</table>

表 B.6 遮阳及门窗启闭监控试运行报告

<table>
<tr><td colspan="2">工程名称</td><td></td><td>建设方</td><td></td></tr>
<tr><td colspan="2">系统工程名称</td><td></td><td>施工方</td><td></td></tr>
<tr><td colspan="2">试运行日期</td><td></td><td>检测时间</td><td></td></tr>
<tr><td colspan="2">运行时长</td><td></td><td>检测工具</td><td></td></tr>
<tr><td colspan="2">试运行前准备</td><td colspan="3">核对图纸定位,确认时间要求</td></tr>
<tr><td colspan="3">检测项目</td><td>设计/标准要求</td><td>检测结果</td></tr>
<tr><td rowspan="2">电动遮阳</td><td colspan="2">控制功能</td><td></td><td></td></tr>
<tr><td colspan="2">其他</td><td></td><td></td></tr>
<tr><td rowspan="3">门窗启闭</td><td colspan="2">启闭状态</td><td></td><td></td></tr>
<tr><td colspan="2">联动控制</td><td></td><td></td></tr>
<tr><td colspan="2">其他</td><td></td><td></td></tr>
<tr><td colspan="5">试运行总结报告:</td></tr>
<tr><td colspan="2">监理工程师
核查意见</td><td></td><td colspan="2">项目负责人:
专业技术负责人:
专业工长:</td></tr>
<tr><td colspan="2">建设方项目专业
技术负责人意见</td><td colspan="3"></td></tr>
</table>

表 B.7　室内环境监控试运行报告

<table>
<tr><td colspan="2">工程名称</td><td></td><td>建设方</td><td></td></tr>
<tr><td colspan="2">系统工程名称</td><td></td><td>施工方</td><td></td></tr>
<tr><td colspan="2">试运行日期</td><td></td><td>检测时间</td><td></td></tr>
<tr><td colspan="2">运行时长</td><td></td><td>检测工具</td><td></td></tr>
<tr><td colspan="2">试运行前准备</td><td colspan="3">核对图纸定位，确认时间要求</td></tr>
<tr><td colspan="3">检测项目</td><td>设计/标准要求</td><td>检测结果</td></tr>
<tr><td rowspan="5">空气质量</td><td colspan="2">传感器位置</td><td></td><td></td></tr>
<tr><td colspan="2">传感器设备要求</td><td></td><td></td></tr>
<tr><td colspan="2">联动控制</td><td></td><td></td></tr>
<tr><td colspan="2">数据显示</td><td></td><td></td></tr>
<tr><td colspan="2">其他</td><td></td><td></td></tr>
<tr><td rowspan="3">噪声</td><td colspan="2">传感器位置</td><td></td><td></td></tr>
<tr><td colspan="2">传感器设备要求</td><td></td><td></td></tr>
<tr><td colspan="2">数据显示</td><td></td><td></td></tr>
<tr><td rowspan="3">水质</td><td colspan="2">水质在线监测位置</td><td></td><td></td></tr>
<tr><td colspan="2">数据显示</td><td></td><td></td></tr>
<tr><td colspan="2">其他</td><td></td><td></td></tr>
<tr><td rowspan="2">垃圾</td><td colspan="2">垃圾分类状况显示</td><td></td><td></td></tr>
<tr><td colspan="2">污染物监测</td><td></td><td></td></tr>
<tr><td colspan="5">试运行总结报告：</td></tr>
<tr><td colspan="2">监理工程师
核查意见</td><td></td><td colspan="2">项目负责人：
专业技术负责人：
专业工长：</td></tr>
<tr><td colspan="2">建设方项目专业
技术负责人意见</td><td colspan="3"></td></tr>
</table>

表 B.8　一体化智能机电试运行报告

工程名称		建设方	
系统工程名称		施工方	
试运行日期		检测时间	
运行时长		检测工具	
试运行前准备	核对图纸定位,确认时间要求		
检测项目		设计/标准要求	检测结果
一体化智能机电设备	设备监控及节能管理		
	设备能效评估、节能策略		
	控制参数显示与设定(含:PID 或其他智能调节算法参数、设定点、时间表等)		
	电流及电能趋势		
	本地状态及参数设置		
系统性能	网络与接口		
	软件静态数值		
	响应时间		
	集中监视、存储和统计功能		
	报警监视与处理功能		
	数据分析、信息管理功能		
	PID 或其他智能调节算法参数过渡过程的衰减曲线		
试运行总结报告:			
监理工程师核查意见		项目负责人: 专业技术负责人: 专业工长:	
建设方项目专业技术负责人意见			

表 B.9　系统综合评估

<table>
<tr><td>工程名称</td><td></td><td>建设方</td><td></td></tr>
<tr><td>系统工程名称</td><td></td><td>施工方</td><td></td></tr>
<tr><td>试运行日期</td><td></td><td>检测时间</td><td></td></tr>
<tr><td>运行时长</td><td></td><td>检测工具</td><td></td></tr>
<tr><td>试运行前准备</td><td colspan="3">核对图纸定位，确认时间要求</td></tr>
<tr><td colspan="2">评分项</td><td>得分</td><td>备注</td></tr>
<tr><td colspan="2">智能化系统符合设计需要求，能实现对冷热源、空调、照明、给排水等主要耗能设备的监测、控制功能，采集数据稳定，历史数据保存完整(15 分)</td><td></td><td>控制项</td></tr>
<tr><td colspan="2">设备监控系统的实际监控点位开通率评分(5 分)</td><td></td><td></td></tr>
<tr><td colspan="2">冷热源监控系统评分(20 分)</td><td></td><td></td></tr>
<tr><td colspan="2">空调与通风监控系统(15 分)</td><td></td><td></td></tr>
<tr><td colspan="2">照明自动控制系统(10 分)</td><td></td><td></td></tr>
<tr><td colspan="2">自动扶梯无人乘行时，应自动减速运行或停运(3 分)</td><td></td><td></td></tr>
<tr><td colspan="2">具有监测 PM2.5、PM10、二氧化碳、甲醛、TVOC、噪声等功能的室内空气质量监测功能，且具有存储至少 1 年的监测数据和实时显示等功能(2 分)</td><td></td><td></td></tr>
<tr><td colspan="2">能耗监测系统具有记录建筑能耗功能(15 分)</td><td></td><td></td></tr>
<tr><td colspan="2">智能化系统具有建筑设备运行监控信息互为关联和共享的功能(3分)。在此基础上实现节约资源、优化环境质量管理的功能(2 分)</td><td></td><td></td></tr>
<tr><td colspan="2">建筑综合能效管理系统(10 分)</td><td></td><td></td></tr>
<tr><td colspan="2">总分(100 分)</td><td></td><td></td></tr>
<tr><td colspan="4">试运行总结报告：</td></tr>
<tr><td>监理工程师
核查意见</td><td></td><td colspan="2">项目负责人：
专业技术负责人：
专业工长：</td></tr>
<tr><td>建设方项目专业
技术负责人意见</td><td colspan="3"></td></tr>
</table>

本标准用词说明

1 为便于在执行本标准条文时区别对待，对于要求严格程度不同的用词说明如下：

1） 表示很严格，非这样做不可的用词：
正面词采用“必须”；反面词采用“严禁”。

2） 表示严格，在正常情况下均应这样做的用词：
正面词采用“应”；
反面词采用“不应”或“不得”。

3） 表示允许稍有选择，在条件许可时，首先应这样做的用词：
正面词采用“宜”；
反面词采用“不宜”。

4） 表示有选择，在一定条件下可以这样做的用词，采用“可”。

2 标准中指定应按其他有关标准、规范执行时，写法为“应符合……的规定”或“应按……执行”。

引用标准名录

1 《网络安全等级保护定级指南》GB/T 22240
2 《能源管理体系要求》GB/T 23331
3 《网络安全等级保护安全设计技术要求》GB/T 25070
4 《公共建筑节能设计标准》GB 50189
5 《建筑电气工程施工质量验收规范》GB 50303
6 《智能建筑设计标准》GB 50314
7 《智能建筑工程质量验收规范》GB 50339
8 《绿色建筑评价标准》GB/T 50378
9 《建筑节能工程施工质量验收规范》GB 50411
10 《建筑设备监控系统工程技术规范》JGJ/T 334
11 《智能建筑工程质量检测标准》JGJ/T 454
12 《公共建筑室内空气质量控制设计标准》JGJ/T 461
13 《公共建筑用能监测系统工程技术标准》DGJ 08—2068

上海市工程建设规范

公共建筑绿色及节能工程智能化技术标准

DG/TJ 08—2040—2021
J 11199—2021

条 文 说 明

2021　上海

目次

Contents

3 基本规定

3.0.3 采取适用的智能化技术措施，并在满足用户需求的前提下，降低建筑物能耗，实现机电设备或系统的高效节能运行。

4 工程设计

4.1 建筑综合能效管理系统

4.1.1 感知层由 BA 系统或者一体化智能机电将完成数据上传，也可由各子系统直接完成数据上传。系统应用层应包括能源管理、设备监控、辅助决策、告警推送、工作流、报表工具、数据存储等功能。

单点数据质量异常情况如：单个计量支路断数、跳大数、负数、数据长期不动等、综合数据质量异常情况如：上级支路计量结果与下级支路加和结果的总支不平衡率过高等。

建筑综合能效管理系统可以独立成系统，也可以将功能模块嵌入在 IBMS 系统中。其中能源管理功能应涵盖能耗监测系统数据上传到上级平台的要求。现场采集的能耗数据，也应满足能耗监测系统的要求。

建筑综合能效管理系统有下列 3 种解决方案供参考。

第 1 种，建筑物内未设置 IBMS 系统，独立设置建筑综合能效管理系统，详见图 1。

第 2 种，建筑物内设置 IBMS 系统，建筑综合能效管理系统作为 IBMS 的子系统，详见图 2。

第 3 种，建筑物内设置 IBMS 系统，IBMS 系统中的功能模块能够实现建筑综合能效管理系统的部分功能，其他功能，由专项系统解决，如：建筑物能耗监测系统，详见图 3。

建筑综合能效管理系统感知层可以采用两种方式接入，一种是基于 BA 系统的框架，详见图 4；另一种基于一体化智能机电的框架，详见图 5。

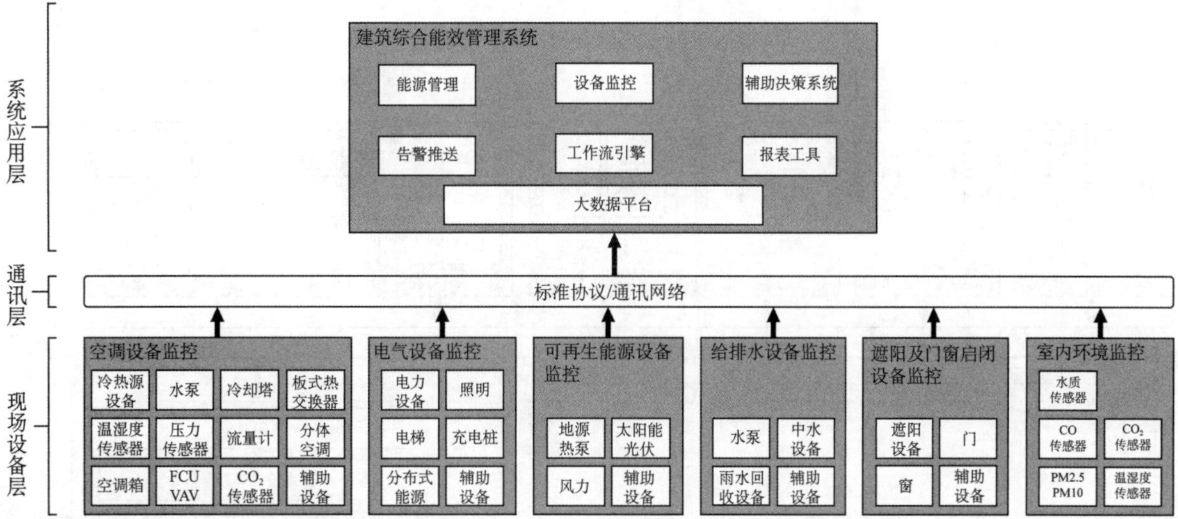

说明：建筑综合能效管理系统单独存在。

图 1　建筑综合能效管理系统 1

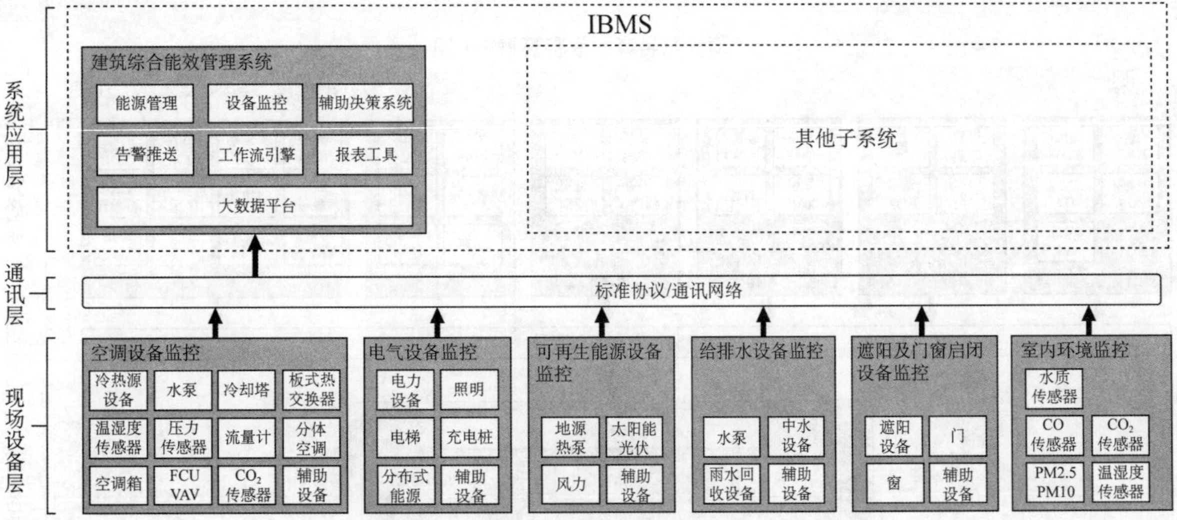

说明：建筑综合能效管理系统作为IBMS的一个子系统存在。

图 2　建筑综合能效管理系统 2

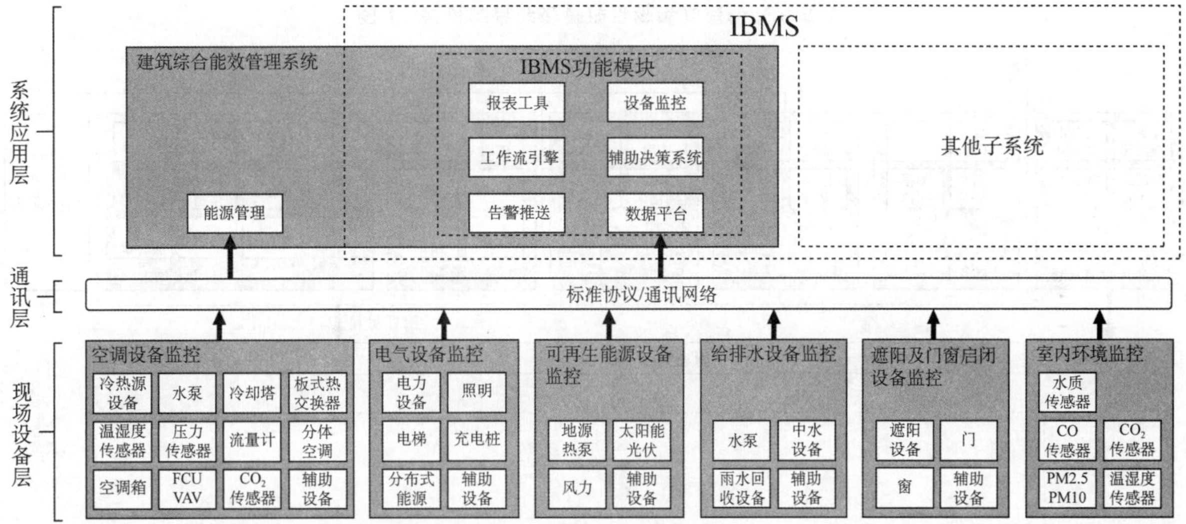

说明：IBMS中的功能模块实现建筑综合效能管理系统的大部分功能。

图 3　建筑综合能效管理系统 3

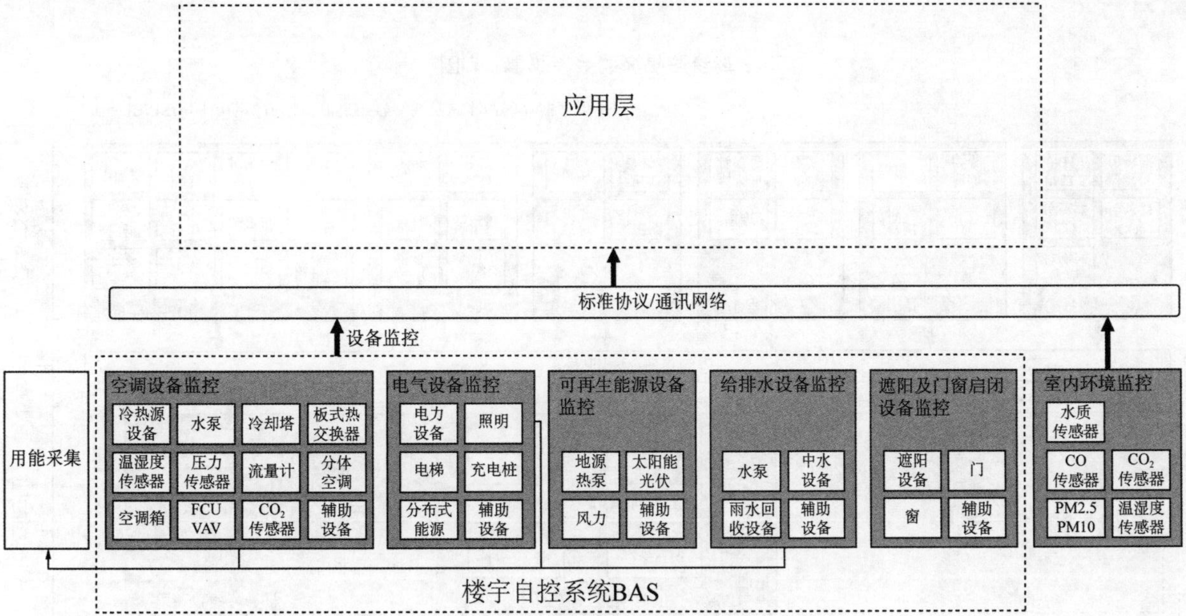

图 4　建筑综合能效管理系统感知层接入方式 1

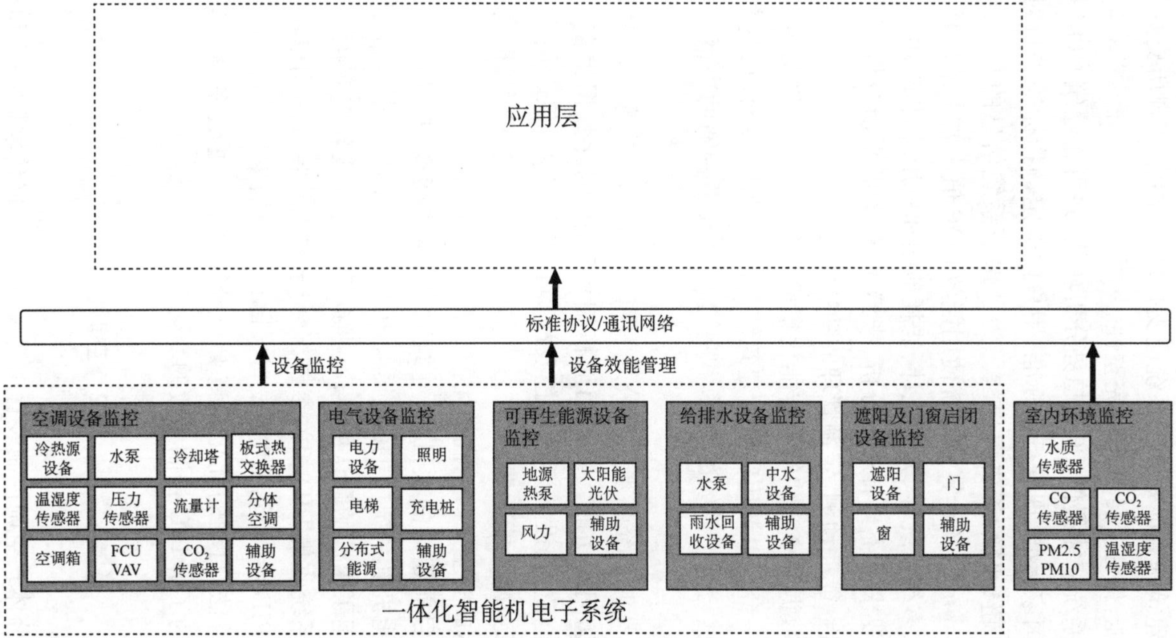

图5　建筑综合能效管理系统感知层接入方式2

4.1.3 建筑综合能效管理系统应支持断点续传,实现历史数据的补录功能,保证上传数据的完整性。

4.1.4 系统应能提供COP趋势分析功能,并可将建筑COP指标与现行国家标准、现行行业标准、用户内部定额指标等进行对比,在COP超标时给予告警提醒。为了保证系统信息的及时准确,宜每15 min刷新计算的系统使用能效COP值。要求系统具有报表生产、多维度统计、分时统计、能耗地图和费用统计的功能。

4.1.5 要求系统具有对比分析、指标对标、能源平衡分析、设备利用率分析、能耗预测、定额管理的功能。

4.1.6 数据共享为建筑物智能化集成平台的应用提供支撑,智能化集成平台可以调用和分析建筑综合能效管理系统提供的数据,分析数据与其他系统的关联,供智能化集成平台辅助决策等功能服务。

4.1.7 要求系统必须具有公式编辑、界面组态、告警、权限管理、移动端访问的功能。实现用能精细化管理、能耗数据挖掘分析、用电安全监控、设备运行监控及故障预警等功能,保障用户用电安全稳定,减少能耗费用、人力成本以及设备维护费用,提高工作效率,达成安全、绿色、高效用能目标。

4.1.8 目前建设的项目中,建筑物设备监控系统中的DDC或一体化智能机电系统中的控制器,PID参数的设置比较混乱,大多场所采用了出厂的默认值,没有根据控制对象或环境变化而调整参数。系统收集PID相关参数,有利于竣工验收或使用单位直观的判断PID参数是否优化设置。部分控制器采用了自适应控制或其他算法,自动的优化调整PID控制参数。通过系统收集,也能直观的了解PID控制参数的变化。

4.2 空调监控

4.2.1 分体式空调控制装置由终端硬件、数据传输(网关)和控制系统构成。终端硬件能自动识别用户的操作指令和设备所处的工作状态，响应网关下达的控制指令对空调发出调节信号，并将终端信息上传至网关。

分体式空调的控制装置，应具备但不限于分区一键开关机、定时控制、温度范围限制、强制禁用等功能。能够结合用户用电系统或设备的历史和当前电参数、运行参数，将需求相应服务系统下的需求响应事件信息转化为具体的负荷调整需求信息，指导设备参与需求响应的策略。

4.2.7 人的健康、自身感觉及工作能力在很大程度上取决于室内的舒适状况，人的热感觉和舒适感不应视为同一概念，舒适感具有更广泛的含义，除了空气温度、湿度相关外，还与气流速度、室内空气品质密切相关，而热感觉在舒适感中无疑具有举足轻重的作用。

影响人体热舒适 PMV 的指标有室内空气温度、室内空气相对湿度、室内平均辐射温度、衣着和人体新陈代谢率等。

$$PMV=[0.303e^{-0.036M}+0.028]\{M-W-3.05\times10^{-3}[5.733-6.99(M-W)-p_a]-0.42[(M-W)-58.15]-1.7\times10^{-5}M(5\,867-p_a)-0.0014M(34-t_a)-3.96\times10^{-8}f_{cl}[(t_{cl}+273)^4-(t_s+273)^4-f_{cl}h_c(t_{cl}-t_a)]\}$$

式中：M——新陈代谢率（W/m^2）；

W——人体做功率（W/s）；

p_a——环境空气中水蒸气分压力（Pa）；

t_a——室内空气温度（℃）；

f_{cl}——穿衣人体与裸体表面积之比；

t_s——平均辐射温度（℃）；

t_{cl}——穿衣人体外表面平均温度（℃）；

h_c——对流热交换系数[$W/(s\cdot m^2\cdot ℃)$]。

式中 8 个变量：M，W，p_a，t_a，f_{cl}，t_s，t_{cl}，h_c。实际上，f_{cl}和t_{cl}均

可由 I_{cl}决定(I_{cl}为衣服/寝具热阻)，h_c 是风速的函数，p_a是 t_a和 RH_a的函数(RH_a为空气的相对湿度)。

PWV 公式中各参数的选取(以夏季办公室环境为例)：

1 M—新陈代谢率：

轻微活动，代谢率为 2 Met ～ 3.4 Met(1 Met＝58 W/m^2)，所以参数范围为 116 W/m^2 ～ 197.258 W/m^2 。

2 W—人体做功率，一般取为 0。

3 P_a—环境空气中水蒸气分压力：

$$P_a = \varphi_a \times P_s$$

φ_a 为相对湿度，为减少过敏原和病菌的滋生，室内环境相对湿度应维持在 30%～60%之间。一般情况下，夏季取 60%，冬季取 40%。

其中，$P_s = 610.6e^{\frac{17.260t_a}{273.3+t_a}}$——泰登公式。

4 t_a —空气温度，一般可以看作环境温度。

5 f_{cl} —穿衣人体与裸体表面积之比：

$$f_{cl} = \begin{cases} 1.00 + 1.29I_{cl}, & I_{cl} \leqslant 0.078 \\ 1.05 + 0.645I_{cl}, & I_{cl} > 0.078 \end{cases}$$

上式为 f_{cl} 的计算公式。其中，I_{cl} 是服装热阻。在北方，冬季一般取为 0.9 clo，夏季取为 0.5 clo，且 1 clo＝0.155 k·m^2/W。计算后代入公式，得夏季 f_{cl} 为 1.1。

6 $\bar{t}_s$ —平均辐射温度。

7 t_{cl} —穿衣人体外表面平均温度：

$$t_{cl} = \frac{35.7 - 0.0275(M - W) + I_{cl}f_{cl}[4.13(1 + 0.01\mathrm{d}T) + h_c t_a]}{1 + I_{cl}f_{cl}[4.13(1 + 0.01dT) + h_c]}$$

其中，$\mathrm{d}T = \bar{t}_s - 20$。

8 h_c —对流热交换系数：

$$h_c = \begin{cases} 2.7 + 8.7v^{0.67}, & 0.15 < v < 1.5 \text{ m/s} \\ 5.1, & 0 < v \leqslant 0.15 \text{ m/s} \end{cases}$$

因空调设计规范上要求冬季室内风速 $v < 0.15$ m/s，夏季风

速 $v < 0.25$ m/s。一般在冬工况下取风速 $v = 0.15$ m/s，夏工况下取风速 $v = 0.25$ m/s。v 即为空气的相对流速。

4.3 电气设备用能监控

4.3.3 电能调整装置包括电容器、电抗器、有源（无源）滤波器等设备。

一体化的智能配电设备由数据采集、智能识别和调节装置3个基本模块构成。智能识别模块是智能控制单元的核心，由微处理器构成的微机控制系统，能根据操作前所采集到的电网信息和控制室发出的操作信号，自动地识别操作时设备的工作状态，根据设备仿真分析的结果决定出合适的分合闸运动特性，并对执行机构发出调节信息，待调节完成后再发出分合闸信号。数据采集模块主要由新型传感器组成，随时把电网的数据以数字信号的形式提供给智能识别模块，以进行处理分析；执行机构由能接收定量控制信息的部件和驱动执行器组成，用来调整操动机构的参数，以便改变每次操作时的动作特性。此外，还可根据需要加装显示模块、通信模块以及各种检测模块，以扩大一体化匹配电设备的智能化功能。

4.3.4 照明控制最大的特点是场景控制，在同一室内可有多路照明回路，对每一回路亮度调整后达到某种灯光气氛称为场景；可预先设置不同的场景，切换场景时的淡入淡出时间，使灯光柔和变化。时钟控制，利用时钟控制器，使灯光呈现按每天的日出日落或有时间规律的变化。利用各种传感器及遥控器达到对灯光的自动控制。

室内照明利用场景变化增加环境艺术效果，产生立体感、层次感，营造出舒适的环境，有利人们的身心健康，提高工作效率。

可通过计算机网络对整个系统进行监控，例如了解当前各个照明回路的工作状态；设置、修改场景；当有紧急情况时控制整个系统及发出故障报告。

4.3.6 充电桩监控系统的负载均衡功能主要有;设定电网电量;实现电量监控,下发功率调控指令,确保输出功率不超高调控上限。

4.3.7 余热利用设备主要运行参数:汽包水位、蒸汽压力/温度/流量、给水流量、天然气压力等。

原动机主要运行参数:压气机排气压力、燃气轮机/压气机洗涤水压力、燃气轮机热交换其出水压力/温度、压气机排气温度/喘振/CO/NO_x、原动机转速/振动等。

制冷机主要运行参数:制冷机冷水压力/温度/流量、蓄冷罐压力/温度、冷却塔水池液位、制冷机转速等。

发电机主要运行参数:电流、电压、频率、相位、功率、功率因数、电能、电压波动、启停、故障信号等。

系统输电测主要运行参数:电流、电压、频率、相位、四象限有功功率、四象限无功功率、各象限实在功率、系统功率因数、输入/输出有功电能、发出/吸收无功电能、电压波动、谐波等。

系统输入一次能源、水源的计量、系统输出冷热能的计量。

4.4 可再生能源系统监控

4.4.2 热泵机房内系统的监测与控制可包括参数检测、参数与设备状态显示、自动调节与控制、工况自动转换、设备联锁与自动保护、能量计量以及中央监控与管理等。

当有多个地埋管地服热泵机房时电选择典型机房并设计室外温温度传感器。温、湿度传感器应安装在空气流通.能反映被测区域空气状态的位置。对室外温度的监视可以为系统的运行提供评价依据,也为辅助散热设备的启停控制提供依据。

对地下换热器循环水也度和压力的监控,可以了解地下换热器的换热效率.监视地下换热器的工作状况,通过计算可以间接了解换热器内部是否结垢,可以及时发现换热器内部的堵塞,为换热器的运行管理、维修及辅助设备的启停提供依据。

对地下换热器循环水流量的监测除随时间变化的瞬态流量外，还宜监测循环水的积累流量，可以了解地下换热器的实际换热量，对平衡地下岩土热负荷、地下换热器及辅助散热/加热设备的运行管理提供依据。

地埋管地源热泵系统各部分关联紧密，采用集中监控系统，便于工况转换和运行调节，可以减少运行维护工作量，提高管理水平；有利于系统可以合理利用能量，实现节能运行；可以有效防止事故，保证设备和系统运行安全可靠。

应根据全年岩土热平衡模拟计算结果或根据往年运行实测结果制定地埋管地源热泵系统全年运行预案，使地埋管换热器交替运行，进行岩土热平衡控制，保证热泵系统的运行效率。地下换热器局部漏水时，使用关断阀门将漏水部分与系统其他部分隔离。

辅助热源（汇）用于分担地下换热器的负荷，它的运行方式主要是用于调峰，也可以在夜间或低负荷条件下运行以平衡岩土热量，须具备独立控制并单独运行的能力。

为了保护热泵机组的安全运行，保证机组在启动时有足够的水量流过蒸发器和冷凝器，防止水源热泵机组同时启动对供电系统造成冲击，以提高设备运行的可靠性，避免事故发生。

水源热泵机组运行时，冷却水的供水温度对制冷机组的运行效率影响很大，同时也会影响到机组的正常运行，故必须加以控制。由于随着地埋管换热器运行时间增加，周围岩土温度升高/降低，热交换性能减弱，故应对地埋管换热器组群、辅助散热/加热装置的运行时间进行控制。

4.4.3 太阳能热水系统由太阳能集热系统、辅助能源系统及供热水系统组成。太阳能热水系统的辅助能源系统宜采用电、燃气等，有些太阳能热水系统自带循环热水泵，故需采集能耗等数据。

4.5 给排水系统监控

4.5.8 管理平台可集成中水回用控制系统的数据和事件。中水回用控制系统主要功能是：

（1）实时数据采集和监控

各测控分站通过 PLC 采集现场各种数据，并通过高速总线传送到中央控制室操作站集中监控和管理，同时 PLC 接受主操作站的控制指令，完成实时控制任务。

（2）水质在线检测

系统中安装有 pH 计、溶解氧分析仪、污泥浓度检测仪、在线 COD 分析仪和氨氮分析仪等在线分析仪表，实时动态检测水处理各阶段水质情况。

（3）生产过程计算机动态显示

在操作员站上以图形方式表现现场的主要工艺流程和有关的动态信息。通过画面切换方式展现水处理设备运行状态、变电运行参数及报警、历史等信息。此外，还可以对动态点定义点详细信息显示、相关图显示、点曲线显示等。

（4）过程优化控制

从水处理系统的物理处理过程、生化处理过程到消毒过程，通过优化算法调度分配设备的运转和停止，实现全过程优化控制和管理，减少能源消耗、延长设备寿命、提高系统运行效率。

（5）历史数据查询

系统的实时监测数据和控制数据自动存储在历史数据库中，历史数据可以以数据报表、趋势曲线、柱状图等丰富形式进行分析和重现。数据库具有公开的接口，可以实现灵活的数据交换和数据共享。

（6）报警管理

对于水处理生产过程中的异常数据信息，水处理优化控制系统提供报警的功能:系统可以自动监测控制系统的各种数据的合理范围,一旦超出合理范围便产生报警事件。

4.6 遮阳及门窗启闭监控

4.6.1 遮阳是建筑节能的有效途径,通过良好的遮阳设计在节能的同时又可以丰富室内的光线分布,还可以丰富建筑造型及立面效果。自动遮阳系统主要依靠自动控制策略来实现节能的目的。自动遮阳控制系统基于控制网络技术,可实现下列功能:依据当地气象资料和日照分析结果,对不同季节、日期、不同时段不同朝向的太阳仰角和方位角进行计算。再由控制器按照设定的时段,控制不同朝向的百叶翻转角度。通过屋面设置的多方位阳光感应器检测晴天还是阴天。还根据大楼自身形体及周边建筑的情况建立遮挡模型,将参考点每天的阴影变化变化计算出来,存储在电机控制器中,按照结果自动运行。

4.7 室内环境监控

4.7.1 建筑性能和室内空气质量是高度可变的,为了保持理想的室内空气质量指标,须不断收集建筑性能测试数据。空气污染物传感装置和智能化技术的完善普及,使对建筑内空气污染物的实时采集监控成为可能。当所监测的空气质量偏离理想阈值时,系统应做出警示,建筑管理方应对可能影响这些指标的系统做出及时的调试或调整。将监测发布系统与建筑内空气质量调控设备组成自动控制系统,可实现室内环境的智能化调控,在维持建筑室内环境健康舒适的同时减少不必要的能源消耗。考虑到部分空气质量参数指标在线监测技术准确度及经济性在现阶段无法满足实时监测应用推广要求,从而不能实现室内空气质量表观指数的发布,故现阶段选择 PM10、PM2.5、二氧化碳三个具有代表性和指示性的室内空气污染物指标进行监测并进行室内空气表观质量指数的发布。其中二氧化碳除可以直接反映室内污染物浓度情况外，还可作为标志物间接反映建筑新风量及空气置换效果。

4.7.7 空气质量监控功能可根据建筑物的性质、系统类型、设备运行时间、物业管理需求等因数，通过技术经济比较确定。

4.7.10 系统控制中心软件必须具备趋势对比等数据处理手段，及时筛选出零点漂移较大的探测器。

4.7.12 传感器的设置位置如：距出入口 5 m～10 m 处、距新风设备最近的新风口附近处；设置在人员密集聚集的区域。

PM10 和 PM2.5 探测器的安装位置可在距出入口 5 m～10 m 处、距新风设备最近的新风口附近处和在人员密集聚集的区域。

4.7.14 水质在线监测系统（On-line Water Quality Monitoring System）是一个以在线分析仪表为核心，以提供具有代表性、及时性和可靠性的水质指标信息为任务，运用自动测量技术、传感技术、计算机技术并配以专业软件，组成一个从取样、预处理、分析到数据处理及存贮的完整系统，从而实现对水质的在线自动监测。水质自动监测系统一般包括取样系统、预处理系统、数据采集与控制系统、在线监测分析仪表、数据处理与传输系统及远程数据管理中心，这些分系统既各成体系，又相互协作，以保证整个在线自动监测系统连续可靠运行。

4.8 一体化智能机电

4.8.1 一体化智能机电是建筑设备监控网中靠近设备源头的一侧，采用网络、计算、存储、应用核心能力为一体的设备，就近提供最近端服务的带有边缘计算及显示功能的智能设备。作为一体化智能机电的核心控制器，需要满足被控设备的运行状态、能效状态、能耗趋势、节能管控的监控需求。是建筑机电设备工业物联网的发展方向。一体化智能机电可实现设计、施工、调试及后期维护的标准化。

4.8.2 建筑设备监控与节能管理有两条实现路径：

1）采用传统BA方式(非标准化的设计，容易产生设计功能与实际实施不符、由于调试人员水平不一，造成的控制精度各不相同、施工时浪费大量管线、物业维护难度高等问题)。

2）采用强弱电一体化智能机电设备，解决了BA出现的难题，设备出厂时，已经具有专用的、标准化的监控功能，并且完成了设备监控的接线及测试工作、专用的控制器带有运行参数显示和设定，方便物业管理人员快速排除故障，降低维护成本。

综上，强弱电一体化智能机电设备是替代传统BA的有效途径，宜推荐采用。

4.8.3 一体化智能机电设备的技术要求：

1 针对成套电气控制箱柜的电动机控制电路，应对出现的故障的位置进行记录，并在液晶屏上进行提示，如风阀、接触器、热继电器、电动机(根据接触器启动后，有无电流，判断电动机是否运行)等故障位置，便于现场调试及故障检修。

2 核心控制器需要整合柜面多功能电能表功能，用于对设备的启动电流、运行电流趋势、设备运行效率(近似实际电流/额定电流)、能耗等参数进行趋势检测，实现有针对性地对每台设备实现能源管理。

3 针对风机、水泵、空调、照明等设备，需要匹配专用的控制器，固化专项的可配置的节能策略，实现标准化的节能控制。

4 专用控制器应内置PID算法或其他智能调节算法，根据压力、温度、风速、压差等输入信号和相应设定值，对变频设备进行调节，现场控制器液晶屏菜单可对PID或其他智能调节算法相关参数进行调整控制。

5 专用控制器在本地具有设备连锁启停、除具有上述PID

或其他智能调节算法的参数设定、故障点判断及记录，还应具有基于周的时间表设定功能，使得调试、维护相对标准化，同时，还应对设备能耗及设备管理进行信息采集，使得基于单个设备的能源、效率的管控实现标准化。

6 为了确保设备维护标准化，控制器应方便直接替换，无需联网下载设置，方便维护，用户直接替换核心控制器，即可修复损坏设备

7 核心控制器应具有国际主流的 BACnet/Lon Works 通信总线，实现对等通信方式，无需通信管理主机，即可实现设备互操作。

8 核心控制器应内置电能参数测量功能，或通过 RS485 接口采集柜面智能仪表的电能参数，通过现场总线，传输至系统平台，避免能源管理系统的重复布线及调试工作，数据可通过标准接口分享到第三方应用。

4.8.4 一体化智能机电对电能测量、电动机控制电路、前端设备、节能控制器逻辑的高度集成，动力、总线通讯、输入输出等接口的接线工作，应统一在接线端子排上完成，柜内应具有端子接线表、设备控制原理图、电动机控制电路接线图、便于分清强弱电安装工作界面和标准化的维护工作。

4.8.5 一体化智能机电控制箱(柜)的技术要求：

1 一体化智能机电设备内部，针对一次/二次线路和弱电控制部分要分开布局，避免强弱电线路并行干扰，柜内强弱电部分分别设置单独线槽。

2 内置变频器的设备，核心控制器安装位置应避开变频器的上下及左右两侧水平及垂直位置安装，柜内强/弱电部分应采用钢板隔离，以便减小谐波对控制器的水平及垂直辐射干扰。电源线及弱电控制线采用屏蔽线，屏蔽层采用单点接地，当柜体接地与防雷接地系统共用时，接地电阻不大于 1 Ω。

3 由于电动机启/停时存在电涌，在柜内布线时应避免强电

和弱电线路并行，并且要预留足够的空间，避免辐射干扰。控制器应具有电涌冲击抗扰度3级及以上。

4 一体化智能机电整合了电动机控制电路，原柜面启停按钮、转换开关、指示灯均可用液晶操作面板代替，考虑到成本因素，也可保留原来的启停按钮、转换开关、指示灯，并多线接入核心控制器，由控制器完成启停逻辑。

5 一体化智能机电应具有各类模拟量、开关量、RS485、TCP/IP等信号输入输出接口，并具有标准的专用控制逻辑，对于非标准控制算法，应支持现场编程功能。

6 一体化智能机电设备应具有可靠的接地，独立的安全保护接地及独立的交流工作接地电阻应小于等于4 Ω，与防雷接地系统共用时，接地电阻要求不大于1 Ω。

5 安装及验收

5.0.1 本节主要引用标准为现行国家标准《建筑节能工程质量验收规范》GB 50411 和《智能建筑工程质量验收规范》GB 50339。

5.0.2 公共建筑节能工程验收属于专业验收范畴，其许多验收内容与节能工程内的分部分项验收有交叉与重复，本规程将建筑节能工程智能化验收作为单位建筑工程的一个分部工程来验收。由于节能工程验收内容复杂及综合性较强，故本章节明确节能工程智能化验收应按子分部工程验收。当工程较大时，可以划分成检验批验收，其验收要求不变。

5.0.5 节能工程中智能化系统多而复杂，为避免运行过程中管理人员因为无法了解系统原理和操作方案，导致系统未能按设计意图实现节能目标，故而要求竣工文件中需提供针对设计要求和项目特点编写的系统操作说明，特别强调各系统针对各时段各季节不同情况下的控制策略。

5.0.6 本条中设备和软件的产品说明书包括各系统子项软件以及各设备元器件的出产标准说明。对于系统和自编软件，尚应相应的性能参数，以供验收测试其是性能否满足合同所规定和使用要求。

6 运行维护

6.0.2 现行国家标准《能源管理体系要求》GB/T 23331 是用于规范组织能源管理，旨在降低组织能源消耗、提高能源利用效率的管理标准，适用于所有类型和规模的组织。在组织内建立起完整有效的、形成文件的能源管理体系，注重建立和实施过程的控制，使组织的活动、过程及其要素不断优化，通过例行节能监测、能效对标、内部审核、组织能耗计量与测试、组织能量平衡统计、管理评审、自我评价、节能技改、节能考核等措施，不断提高能源管理体系持续改进的有效性，实现能源管理方针和预期的能源消耗或使用目标。物业管理机构应根据现行国家标准《能源管理体系要求》GB/T 23331 要求，在建筑能源管理过程中形成相关工作文件体系，包括能源管理方案、管理节能文件、技术节能文件、检查与纠正措施文件等，不断优化能源管理，提高用能效率。目前获得能源管理体系认证的物业管理机构数量不多。强化能源管理工作是今后建筑物运行管理中的必然趋势，需要加以引导和推进。

6.0.3 建筑运行管理人员对主要用能、用水设备系统的巡检、调试工作，对各系统设备的保养计划及定期保养执行，对相关计量仪器和检测装置的定期标定以及对设备能效的持续改进工作。

设备系统的调试和优化运行，对建筑运行的能源资源消耗、建筑环境等非常重要。公共设施设备检查、调试的目的是确保建筑设备及其相关系统达到设计要求。这并不仅是新建建筑的试运行和竣工验收所需工作，更是一项在运行期间要持续开展的工作。

设备定期的保养对于保持设备良好的运转状态极为重要，制定一套定期维修保养计划并且严格遵照执行，能显著提高设备设施的使用功能，降低事故的发生概率，延长设施设备的使用寿命。

物业管理机构有责任定期检查、调试设备系统，标定各类检测装置的准确度，根据运行数据（或第三方检测数据）不断提升设备系统的性能，提高建筑的能效管理水平。

6.0.5 近年来，虽然绝大部分物业管理机构已基本实现了物业管理信息化，但信息化管理的覆盖和使用程度不一，仍存在下列问题：物业管理软件出现“信息孤岛”现象，造成重要资源无法共享；信息化系统在制定开发需求时，未与业主、建筑使用者充分沟通服务需求，导致开发成果与实际需求存在差距；信息化系统运行不正常。

建筑物的工程图纸资料、设备、设施、配件等档案资料不全，给运营管理、维护、改造等带来不便。部分设备、设施、配件需要更换时，往往因缺少原有型号规格、生产厂家等资料，或替代品不适配而造成困难，被迫提前进行改造。

建筑物及其设备系统的能源资源消耗数据和室内外的环境监测数据，直接反映了建筑的运行效果，无论是为评价工作，还是为日常运行分析，都应长期保存。

采用信息化手段，建立完善的建筑工程及设备、能耗、环境、配件档案及维修记录是非常必要的。